高　等　学　校　教　材

普通高等教育一流本科专业建设成果教材

互换性与机械制造实验技术

郭春芬　谷晓妹　主编

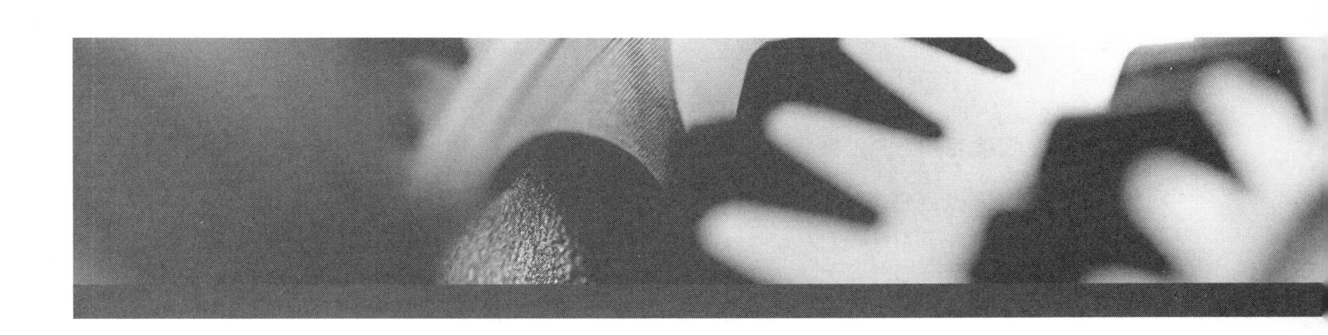

Experimental Technology of Interchangeability and Mechanical Manufacturing

化学工业出版社

·北京·

内 容 简 介

《互换性与机械制造实验技术》是为了指导高等学校机械类及相关专业学生完成互换性与测量技术和机械制造基础实验而编写的。全书共8章，主要内容包括几何量测量基础知识、线性尺寸测量、形状和位置误差测量、齿轮精度测量、表面粗糙度测量、车刀几何角度的测量、机床传动系统分析、加工误差的统计分析。

本书可作为高等学校机械设计制造及其自动化、机械电子工程、智能制造工程、车辆工程等专业互换性与测量技术和机械制造技术基础的实验课程教学用书。

图书在版编目（CIP）数据

互换性与机械制造实验技术/郭春芬，谷晓妹主编．—北京：化学工业出版社，2023.8（2025.3重印）

普通高等教育一流本科专业建设成果教材

ISBN 978-7-122-43541-5

Ⅰ.①互…　Ⅱ.①郭…②谷…　Ⅲ.①零部件-互换性-高等学校-教材②零部件-测量技术-高等学校-教材③机械制造工艺-高等学校-教材　Ⅳ.①TG801②TH16

中国国家版本馆CIP数据核字（2023）第093995号

责任编辑：刘丽菲　丁文璇　　文字编辑：孙月蓉

责任校对：张茜越　　装帧设计：张　辉

出版发行：化学工业出版社（北京市东城区青年湖南街13号　邮政编码100011）

印　　装：大厂回族自治县聚鑫印刷有限责任公司

787mm×1092mm　1/16　印张5¼　字数107千字　2025年3月北京第1版第2次印刷

购书咨询：010-64518888　　售后服务：010-64518899

网　　址：http://www.cip.com.cn

凡购买本书，如有缺损质量问题，本社销售中心负责调换。

定　　价：19.80元

序

人才的培养要以专业和课程的建设为支撑，在国家“双万计划”建设背景下，做强一流本科、建设一流专业、培养一流人才，全面振兴本科教育，提高高校人才培养能力，实现高等教育内涵式发展，为高校的教育教学改革提供了机遇和挑战。

山东科技大学是一所工科优势突出，行业特色鲜明，工学、理学、管理学、文学、法学、经济学、艺术学等多学科相互渗透、协调发展的山东省重点建设应用基础型人才培养特色名校和高水平大学“冲一流”建设高校。学校紧密围绕国家、省重大战略和经济社会发展需求，结合办学定位、专业特色和服务面向，明确专业培养目标和建设重点，建立促进专业发展的长效机制，强化专业内涵建设，不断提高人才培养质量。学校紧紧把握机遇，全面启动了一流专业与课程的建设工作。目前，机械设计制造及其自动化、机械电子工程等 16 个国家级一流本科专业已通过工程教育认证。学校计划通过 3 年一流本科专业的建设，以专业认证促进专业高质量发展，落实“学生中心、目标导向、持续改进”理念，使其余国家级一流本科专业建设点专业全部通过教育部组织的专业认证，培养以“宽口径、厚基础、强能力、高素质”为特征的具有创新意识的人才。要培养具有创新意识的人才，实践教学所占的地位十分重要。众多发明创造都来自于实验和实践。因此，营造一个较好的实验、实践环境，建立一套完善的实践体系，编写一套高质量的实验、实践教材是基本的保证。

按照一流专业建设的要求，学院组织了以实验中心教师为主、任课教师积极参与的教学团队，制订了一整套具有较强创新性的实验、实践教改方案。经过有关专家论证，结合一线教师的多年实践教学经验，组织编写了一套实验技术系列教材，包括《互换性与机械制造实验技术》《机械原理实验技术》《机械设计实验技术》《传感器与检测实验技术》。

该套教材主要特点如下：

（1）加强实践，注重学生动手能力培养；提高兴趣，培养学生创新能力。

（2）符合教学规律，实现了循序渐进，实验分为验证性实验、综合性实验、创新性实验和设计性实验 4 个层次。

（3）实现了内容的优化组合，突出了先进性和实用性。

（4）将数字化技术应用于教材中，增加了教材的直观性和生动性。

该套教材可以作为本校或者兄弟院校相同、相近专业学生的实验指导教材，也可以作为教师和工程技术人员的实验参考书。

张震

2023 年 06 月

前言

“几何量公差与检测”和“机械制造技术基础”课程是机械类、近机类专业重要的专业基础课程，课程的实验是课程学习的重要环节，对培养学生的分析能力和实践能力有着重要的作用。本实验课旨在使学生加深对几何量公差与检测的基础理论知识的理解与掌握，了解测量的基本原理和基本方法，学会正确使用常见计量器具和处理测量数据的方法；加深学生对机械制造技术基础理论知识的理解与掌握，使学生了解切削加工误差的计算和分析方法，对学生未来从事机械设计、机械制造、计量检测等工作具有重要意义。

本书编写内容力求实用，既考虑教材的适用对象，又兼顾目前使用的设备情况和编写内容的全面性。内容共分为8章，包括几何量测量基础知识、线性尺寸测量、形状和位置误差的测量、齿轮精度测量、表面粗糙度的测量、车刀几何角度的测量、机床传动系统分析、加工误差的统计分析，并在每个实验后附有实验报告。

本书是山东科技大学机械设计制造及其自动化一流本科专业建设成果教材。本书由郭春芬、谷晓妹主编。本书在编写过程中，得到了学院有关领导和老师的大力支持，在此表示感谢！

由于编者水平有限，书中难免存在不妥之处，欢迎读者批评与指正。

编者

2023 年 5 月

目录

实验须知

1. 实验注意事项

（1）按时到实验室上实验课，不得迟到早退。

（2）进入实验室要保持安静，不得大声喧哗，不准在实验室吃东西，不准抽烟，不准随地吐痰和乱扔纸屑杂物。

（3）不准动用与本实验无关的仪器设备和室内设施。

（4）实验前要预习，认真阅读实验指导书，复习有关理论知识，并接受教师的检查。

（5）一切准备工作就绪后，须经指导教师同意，方可动用仪器设备，进行实验。

（6）实验中要细心观察，认真记录实验数据，不准马虎从事，不准抄袭他人数据。

（7）实验中要注意安全，严格遵守操作规程，若仪器发生故障，应立即报告教师进行处理，不得自行拆卸。

（8）实验完毕后，必须断电、断水，整理好仪器设备、量具、样件等，经教师允许后方可离开实验室。

（9）不遵守实验守则经指出而不改正者，教师有权停止其实验。

2. 实验报告要求

实验报告是考核学生实验学习成绩和评估教学质量的重要依据，要求每个学生独立完成。实验报告要求书写工整，记录数据可靠，图、表清晰，内容完整。

实验报告一般包括下列内容：

（1）实验名称。

（2）所用量仪、量具名称及规格。

（3）实验数据记录。

（4）测量数据处理及实验结论。

（5）简答题。

第一章

几何量测量基础知识

1.1 计量器具的常用术语

计量器具的常用术语包括以下内容：

（1）刻度间距。计量器具的刻度标尺或分度盘上相邻两条刻线之间的距离称为刻度间距。如图 1-1(a) 所示的游标卡尺尺身上相邻两条刻线之间的距离为 1mm，则该尺身的刻度间距即为 1mm。

（2）分度值（刻度值）。计量器具的刻度标尺或分度盘上最小格所代表的被测尺寸的数值称为分度值，又称刻度值。如图 1-1(a) 所示的游标卡尺的游标上每一小格刻度代表的被测尺寸是 0.02mm，则该卡尺的分度值即为 0.02mm。

（3）示值范围。计量器具的刻度标尺或分度盘上所指示的起始值到终止值的范围称为示值范围。如图 1-1(a) 所示的游标卡尺的示值范围是 150mm；图 1-1(c) 所示的外径千分尺的示值范围是 25mm。

（4）测量范围。计量器具所能够测量的最小尺寸与最大尺寸之间的范围称为该计量器具的测量范围。如图 1-1(a) 所示的游标卡尺的测量范围是 0～150mm；图 1-1(c) 所示的外径千分尺的测量范围是 25～50mm。测量范围与示值范围的含义不同，不能混为一谈。

（5）示值误差。计量器具指示的测量值与被测量真值之差称为示值误差。它是由计量器具本身的各种误差所引起的。

（6）修正值。计量器具的指示值减去或加上一个误差值等于被测量值的实际值，所减去或加上的这个值称为修正值，它与示值误差在数值上相等，但符号相反。

（7）示值变化（示值稳定性）。在外界条件不变的情况下，用计量器具对同一个

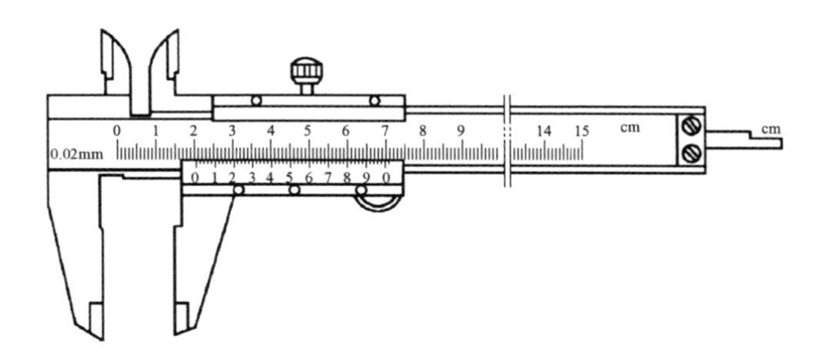

(a) 游标卡尺

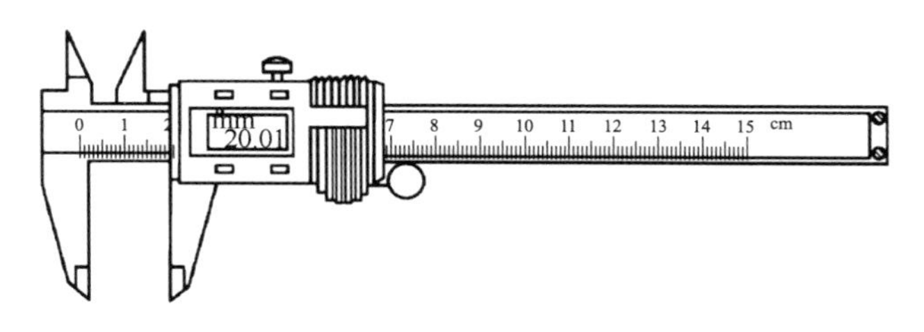

(b) 数显游标卡尺

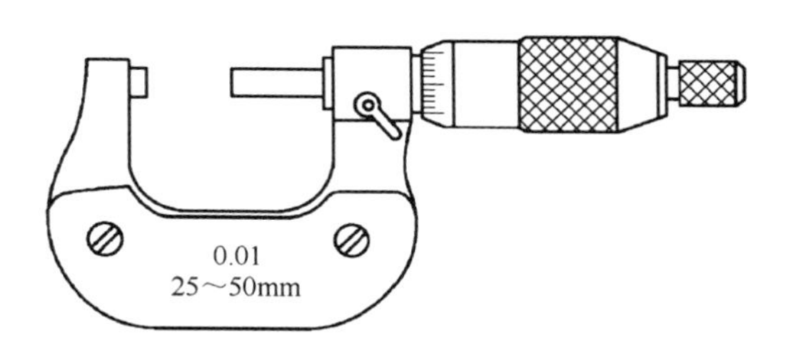

(c) 外径千分尺

图 1-1 线性尺寸测量基本计量器具

尺寸进行重复多次的测量时，计量器具的指示值不会每次都完全相同。把各次显示值的最小值到最大值之间所包含的范围称为示值变化。在计量器具的检定规程中，一般要给出示值变化的允许范围。

（8）回程误差。在相同的测量条件下，对同一尺寸进行正向和反向测量时，测量结果之差的绝对值称为回程误差。测量时，为了减小回程误差的影响，应按一个方向进行测量。

（9）测量力。测量时，对计量器具的测量头施加一定的压力，使之与被测零件表面相接触，这个压力称为测量力。测量力是影响测量精度的因素之一，测量力应适当。当测量力过大时，有可能造成计量器具的永久变形甚至损坏。

（10）放大比。使用量仪进行测量时，被测尺寸的微小变动就会引起量仪指示元件的较大移动量。该移动量与被测尺寸变化量之比称为量仪的放大比。放大比越大，量仪的测量精度越高。

（11）计量器具的不确定度允许值 u_1。计量器具的不确定度是指在规定条件下测量时，由于计量器具的误差而使被测尺寸的值不能确定的程度。在实际测量时，为了保证测量值的准确度，要求选用的计量器具的不确定度在一个允许的范围之内，这个范围就是计量器具的不确定度允许值 u_1。还有由温度、工件形状误差及测量力造成的压陷效应等测量条件因素引起的不确定度允许值 u_2。

（12）计量器具的不确定度 u_L。计量器具不确定度的数值 u_L 包括计量器具本身的不确定度和调整器（如千分尺的校对量杆）的不确定度。不同的计量器具具有不同的不确定度数值。常用游标卡尺、千分尺和千分表、百分表的不确定度数值 u_L 见表 1-1 和表 1-2。

表 1-1　常用游标卡尺、千分尺的不确定度数值 u_L　　单位：mm

<table>
<tr><th rowspan="3">尺寸范围</th><th colspan="4">不确定度数值 u_L</th></tr>
<tr><th colspan="2">千分尺</th><th colspan="2">游标卡尺</th></tr>
<tr><th>分度值 0.01mm
外径千分尺</th><th>分度值 0.01mm
内径千分尺</th><th>分度值 0.02mm
游标卡尺</th><th>分度值 0.050mm
游标卡尺</th></tr>
<tr><td>>0～50</td><td>0.004</td><td rowspan="3">0.008</td><td rowspan="6">0.020</td><td rowspan="4">0.050</td></tr>
<tr><td>>50～100</td><td>0.005</td></tr>
<tr><td>>100～150</td><td>0.006</td></tr>
<tr><td>>150～200</td><td>0.007</td><td rowspan="3">0.013</td></tr>
<tr><td>>200～250</td><td>0.008</td><td rowspan="8">0.100</td></tr>
<tr><td>>250～300</td><td>0.009</td></tr>
<tr><td>>300～350</td><td>0.010</td><td rowspan="3">0.020</td><td rowspan="7">—</td></tr>
<tr><td>>350～400</td><td>0.011</td></tr>
<tr><td>>400～450</td><td>0.012</td></tr>
<tr><td>>450～500</td><td>0.013</td><td>0.025</td></tr>
<tr><td>>500～600</td><td>—</td><td rowspan="3">0.030</td></tr>
<tr><td>>600～700</td><td>—</td></tr>
<tr><td>>700～1000</td><td>—</td><td>0.150</td></tr>
</table>

表 1-2　常用千分表、百分表的不确定度数值 u_L　　单位：mm

<table>
<tr><td rowspan="3">尺寸范围</td><td colspan="5">不确定度数值 u_L</td></tr>
<tr><td colspan="2">千分表</td><td colspan="3">百分表</td></tr>
<tr><td>分度值 0.001mm 的千分表(0 级在全量程范围内,1 级在 0.2mm 范围内),分度值 0.002mm 的千分表(在 1 转范围内)</td><td>分度值 0.001mm(1 级)、0.002mm、0.005mm 的千分表(在全量程范围内)</td><td>分度值 0.01mm 的百分表(0 级在 1 转范围内)</td><td>分度值 0.01mm 的百分表(0 级在全量程范围内,1 级在 1 转范围内)</td><td>分度值 0.01mm 的百分表(1 级在全量程范围内)</td></tr>
<tr><td>＞0～25</td><td rowspan="5">0.005</td><td rowspan="9">0.100</td><td rowspan="9">0.100</td><td rowspan="9">0.018</td><td rowspan="9">0.030</td></tr>
<tr><td>＞25～40</td></tr>
<tr><td>＞40～65</td></tr>
<tr><td>＞65～90</td></tr>
<tr><td>＞90～115</td></tr>
<tr><td>＞115～165</td><td rowspan="4">0.006</td></tr>
<tr><td>＞165～215</td></tr>
<tr><td>＞215～265</td></tr>
<tr><td>＞265～315</td></tr>
</table>

1.2　测量方法

1.2.1　按实测几何量是否为被测几何量分类

按实测几何量是否为被测几何量分为直接测量和间接测量。

(1) 直接测量。直接测量是指用计量器具直接测量出被测几何量的量值，例如用游标卡尺测量轴径或孔径的大小。

(2) 间接测量。间接测量是指被测几何量的量值不是直接测出，而是通过测量与被测几何量有关的几何参数值，按一定的函数关系运算后获得，例如用弦高法测量圆弧直径。间接测量比直接测量要烦琐，一般当被测几何量不易直接测量时，才采用间接测量的方法。

1.2.2　按计量器具的示值是否直接表示被测几何量的量值分类

按计量器具的示值是否直接表示被测几何量的量值分为绝对测量和相对测量。

（1）绝对测量。绝对测量是指计量器具显示或指示的示值即是被测几何量的量值。例如，用游标卡尺测量轴径或孔径的大小。

（2）相对测量。相对测量是指计量器具显示或指示的示值表示被测几何量相对于标准量的偏差，被测几何量的量值为标准量与该偏差的代数和。例如，用内径百分表测量孔径，先用尺寸为 l 的量块调整好仪器的零位，测量时百分表显示的示值 Δx 为被测孔径 d 相对于量块尺寸的偏差，则 $d=l+\Delta x$。

1.2.3　按测量时计量器具的测头是否与被测表面接触分类

按测量时计量器具的测头是否与被测表面接触分为接触测量和非接触测量。

（1）接触测量。接触测量是指测量时计量器具的测头与被测表面接触，并有机械作用的测量力。例如，用机械比较仪测量轴径。

（2）非接触测量。非接触测量是指测量时计量器具的测头不与被测表面接触。非接触测量可避免测量力对测量结果的影响。例如，用光切显微镜测量表面粗糙度轮廓的最大高度。

1.2.4　按一次测量几何量的多少分类

按一次测量几何量的多少分为单项测量和综合测量。

（1）单项测量。单项测量是指对工件上的几个被测几何量分别进行独立的测量。

（2）综合测量。综合测量是指同时测量工件上相关几何量的综合指标。综合测量一般效率较高，对保证零件的互换性更为可靠，常用于完工零件的检验。

1.2.5　按被测零件在测量过程中的状态分类

按被测零件在测量过程中的状态分为静态测量和动态测量。

（1）静态测量。静态测量是指测量时计量器具的测头与被测表面相对静止。例如，用游标卡尺测量轴径。

（2）动态测量。动态测量是指测量时计量器具的测头与被测表面做模拟工作状态下的相对运动。

1.3 测量误差的来源和分类

1.3.1 测量误差的来源

测量误差的来源是多方面的，主要有以下五个方面：

（1）标准件误差。对于长度测量器具来讲，校准用的量块等器具即为标准件。它们本身的误差将影响被校量具的准确度。

（2）测量方法误差。由于测量方法和被测工件安装方式的不同所引起的误差，或者因量具或被测工件的位置不正确而产生的误差，称为测量方法误差。为了减少因定位造成的测量方法误差，在测量中应遵守基准面统一的原则。

（3）计量器具误差。影响计量器具误差的因素主要有计量器具的工作原理、结构、制造和装配水平，以及测量时操作人员的调整水平等；在接触测量时，测量力的大小也会造成一定的误差。

（4）环境条件引起的误差。测量时的环境条件，例如环境温度、湿度、大气压力、空气的清洁度、振动等因素引起的测量误差即为环境条件引起的误差。在一般测量中，温度变化所引起的误差是主要的。

（5）测量人员引起的误差。测量人员引起的误差主要来自测量态度、技术水平、熟练程度、分辨能力、操作习惯等。

1.3.2 测量误差的分类

测量误差主要分为系统误差、随机误差和粗大误差。

（1）系统误差。系统误差又称为规律误差。它是在一定的测量条件下，对同一个被测量尺寸进行多次重复测量时，误差值的大小和符号（正值或负值）保持不变，或者在条件变化时，按一定规律变化的误差。这种误差可以通过实验分析或计算加以确定，若能在测量结果中加以相应的修正，该误差还能减小甚至消除。

（2）随机误差。随机误差又称偶然误差，是指在相同的测量条件下，对同一个被测量尺寸进行多次重复测量时，误差值的大小和符号发生不可预知的变化的误差。随机误差不能像系统误差那样通过实验分析或计算加以确定，也就不能用修正的方法加以消除，只能用增加重复测量次数的方法，来减小它对测量结果的影响。

（3）粗大误差。粗大误差是指由于测量不正确等原因引起的明显歪曲测量结果的误差或大大超出规定条件下预期值的误差。粗大误差主要是操作方法不正确或测量人员的主观因素造成的，例如，使用了有缺陷的量具，操作时疏忽大意，读数、记录、计算的错误等。

1.4 计量器具的选择

1.4.1 计量器具的选择原则

选择计量器具的主要依据是被测工件，具体要求如下：

（1）根据被测工件的测量要素选择计量器具。如外径尺寸、内径尺寸、角度、锥度、圆弧大小等。

（2）根据被测工件的批量选择计量器具。批量较小时，应选用通用量具（或称万能量具）；批量较大时，应使用专用量具。

（3）根据被测工件的特点（如被测部位、材料、质量、刚性、表面粗糙度等）选择适当的量具。例如，测量较软的铝、铜等材料制成的工件时，就不能选用测量力较大的计量器具；测量表面粗糙的工件时，则不可使用测量面精度等级较高的量具。

（4）根据被测工件的尺寸大小选择计量器具的测量范围。

（5）根据被测工件的尺寸公差大小选择计量器具的精度。公差较大的工件，选用较低精度的量具；反之，则选用较高精度的量具。

1.4.2 安全裕度 *A*

为保证工件的实际尺寸不超过图纸规定的公差带，按照从图纸规定的最大实体尺寸和最小实体尺寸分别向工件公差带内移动一个尺寸值进行检验，这个尺寸值称为安全裕度。安全裕度 A 主要由计量器具的不确定度允许值 u_1 及测量条件引起的不确定度允许值 u_2 两部分组成。表 1-3 为安全裕度和计量器具不确定度允许值关系表。

表 1-3　安全裕度和计量器具不确定度允许值关系　　单位：mm

工件的尺寸公差值	安全裕度 A	计量器具不确定度允许值 $u_1=0.9A$
>0.009～0.018	0.001	0.0009
>0.018～0.032	0.002	0.0018
>0.032～0.058	0.003	0.0027

续表

工件的尺寸公差值	安全裕度 A	计量器具不确定度允许值 $u_1=0.9A$
>0.058～0.100	0.006	0.0054
>0.100～0.180	0.010	0.0090
>0.180～0.320	0.018	0.0162
>0.320～0.580	0.032	0.0288
>0.580～1.000	0.060	0.0540
>1.000～1.800	0.100	0.0900
>1.800～3.200	0.180	0.1620

1.4.3 计量器具的选择方法

（1）根据被测工件的尺寸公差，由表1-3查出安全裕度 A 和计量器具的不确定度允许值 u_1。

（2）根据被测工件的尺寸范围，对计量器具不确定度的数值 u_L 进行选择，要求所选的计量器具不确定度的数值 u_L 不大于计量器具的不确定度允许值 u_1，即 $u_L \leqslant u_1$。

（3）确定被测工件的验收极限值。

1.5 常用计量器具的测量原理、基本结构与使用方法

1.5.1 量块

1.5.1.1 量块的特点

量块是一种长度计量器具，是长度量值传递系统中的实物标准，在机械制造中作为长度基准使用。因为量块精度极高，它还具有以下作用：

（1）生产中用于检定和校准测量工具或量仪。

（2）相对测量时用于调整量具或量仪的零位。

（3）有时直接用于精密测量、精密划线和精密机床、夹具的调整及检验工件等。量块的形状为长方形六面体，一般用优质钢制造，或者用线胀系数小、性能稳定、耐磨及不易变形的其他材料制造，有两个相互平行且极为光滑的测量面和四个非测量面，两测量面之间有精确的尺寸，如图 1-2(a) 所示。量块还具有良好的研合性，可以将多个固定尺寸的量块组成一个量块组，构成所需要的尺寸。研合量块组时，以大尺寸量块为基础，顺次将小尺寸量块研合上去。操作时，沿着量块测量面长边方向 A，先将量块测量面的端缘部分接触研合，然后沿 B 方向稍加压力，将一量块沿着另一量块推进，使两块量块的测量面全部接触研合，如图 1-2(b) 所示。

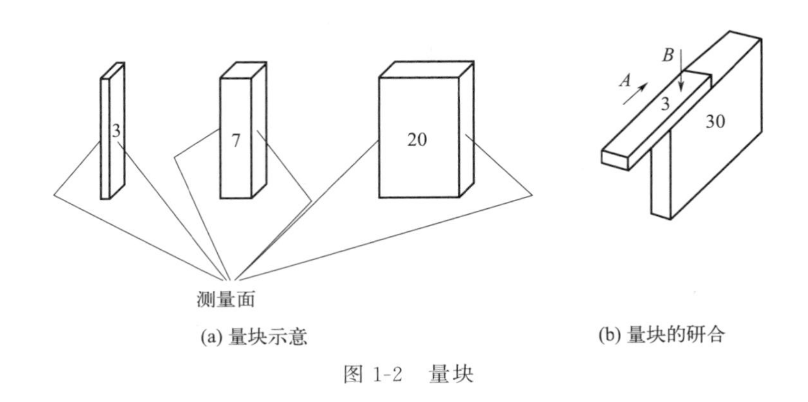

(a) 量块示意　　(b) 量块的研合

图 1-2　量块

1.5.1.2　量块的尺寸与偏差

（1）量块长度 l_0 是指量块一个测量面上的任意点到与其相对的另一测量面相研合的辅助体表面之间的垂直距离。

（2）量块的中心长度 l_c 是指量块一个测量面的中心到与其相对的另一测量面之间的垂直距离。

（3）量块的标称长度 l_n 是标记在量块上用以表明其与主单位（m）之间关系的量值，也称为量块长度的示值。通常其标称长度数字刻印在面积较大的侧面上，对于标称长度小于 5.5mm 的量块，其标称长度数字刻印在测量面上，如图 1-2 所示。

（4）量块长度变动量 v 是指量块测量面上任意点长度中的最大长度与最小长度之差。

（5）量块长度偏差 e 是指任意点的量块长度与其标称长度之差。

（6）量块长度极限偏差 t_e 是指量块长度偏差的极限值，量块长度变动量的最大允许值 t_v 即量块长度变动量的极限值。

1.5.1.3 量块的精度等级

量块按其制造精度分为五级，即 K、0、1、2、3，其中，K 级精度最高，3 级精度最低，K 级为校准级。量块分级的主要依据是量块长度极限偏差与长度变动量的最大允许值（见表 1-4）。

表 1-4 各级量块的精度指标（摘自 JJG 146—2011） 单位：μm

量块的标称长度 l_n/mm	K 级		0 级		1 级		2 级		3 级	
	量块长度极限偏差 $\pm t_e$	长度变动量 v 的最大允许值 t_v	量块长度极限偏差 $\pm t_e$	长度变动量 v 的最大允许值 t_v	量块长度极限偏差 $\pm t_e$	长度变动量 v 的最大允许值 t_v	量块长度极限偏差 $\pm t_e$	长度变动量 v 的最大允许值 t_v	量块长度极限偏差 $\pm t_e$	长度变动量 v 的最大允许值 t_v
$l_n \leqslant 10$	0.20	0.05	0.12	0.10	0.20	0.16	0.45	0.30	1.0	0.50
$10 < l_n \leqslant 25$	0.30	0.05	0.14	0.10	0.30	0.16	0.60	0.30	1.2	0.50
$25 < l_n \leqslant 50$	0.40	0.06	0.20	0.10	0.40	0.18	0.80	0.30	1.6	0.55
$50 < l_n \leqslant 75$	0.50	0.06	0.25	0.12	0.50	0.18	1.00	0.35	2.0	0.55
$75 < l_n \leqslant 100$	0.60	0.07	0.30	0.12	0.60	0.20	1.20	0.35	2.5	0.60
$100 < l_n \leqslant 150$	0.80	0.08	0.40	0.14	0.80	0.20	1.6	0.40	3.0	0.65
$150 < l_n \leqslant 200$	1.00	0.09	0.50	0.16	1.00	0.25	2.0	0.40	4.0	0.70
$200 < l_n \leqslant 250$	1.20	0.10	0.60	0.16	1.20	0.25	2.4	0.45	5.0	0.75

注：距离测量面边缘 0.8mm 范围内不计。

量块按其检定精度分为六等，即 1、2、3、4、5、6 等，其中，1 等精度最高，6 等精度最低。量块分等的主要依据是量块长度测量的不确定度最大允许值和长度变动量最大允许值（见表 1-5）。

表 1-5 各等量块的精度指标（摘自 JJG 146—2011） 单位：μm

量块的标称长度 l_n/mm	1 等		2 等		3 等		4 等		5 等	
	测量不确定度的最大允许值	长度变动量 v 的最大允许值 t_v	测量不确定度的最大允许值	长度变动量 v 的最大允许值 t_v	测量不确定度的最大允许值	长度变动量 v 的最大允许值 t_v	测量不确定度的最大允许值	长度变动量 v 的最大允许值 t_v	测量不确定度的最大允许值	长度变动量 v 的最大允许值 t_v
$l_n \leqslant 10$	0.022	0.05	0.06	0.10	0.11	0.16	0.22	0.30	0.6	0.50
$10 < l_n \leqslant 25$	0.025	0.05	0.07	0.10	0.12	0.16	0.25	0.30	0.6	0.50
$25 < l_n \leqslant 50$	0.030	0.06	0.08	0.10	0.15	0.18	0.30	0.30	0.8	0.55

续表

量块的标称长度 l_n/mm	1等		2等		3等		4等		5等	
	测量不确定度的最大允许值	长度变动量 v 的最大允许值 t_v	测量不确定度的最大允许值	长度变动量 v 的最大允许值 t_v	测量不确定度的最大允许值	长度变动量 v 的最大允许值 t_v	测量不确定度的最大允许值	长度变动量 v 的最大允许值 t_v	测量不确定度的最大允许值	长度变动量 v 的最大允许值 t_v
$50<l_n\leqslant75$	0.035	0.06	0.09	0.12	0.18	0.18	0.35	0.35	0.9	0.55
$75<l_n\leqslant100$	0.040	0.07	0.10	0.12	0.20	0.20	0.40	0.35	1.0	0.60
$100<l_n\leqslant150$	0.05	0.08	0.12	0.14	0.25	0.20	0.5	0.40	1.2	0.65
$150<l_n\leqslant200$	0.06	0.09	0.15	0.16	0.30	0.25	0.6	0.40	1.5	0.70
$200<l_n\leqslant250$	0.07	0.10	0.18	0.16	0.35	0.25	0.7	0.45	1.8	0.75

注：距离测量面边缘0.8mm范围内不计。

量块按“级”使用时，是以标记在量块上的标称长度为工作尺寸，该尺寸包含了量块实际制造误差。按“等”使用时，则是以量块检定后给出的实测中心长度作为工作尺寸，该尺寸排除了量块的制造误差，但包含了量块检定时的测量误差。一般来说，检定时的测量误差要比量块的制造误差小得多，所以，量块按“等”使用的精度比按“级”使用的精度高。

1.5.1.4　量块的组合选用

量块具有研合性，可以组合使用，为了减小误差，使用方便，一般的使用原则是选用最少的量块数量，组成所需尺寸的量块组，通常以不超过4块为宜。我国成套生产的量块有83块、38块、20块等几种规格。83块一套的量块尺寸排列如下：

间隔0.01mm，有1.01mm、1.02mm、…、1.49mm，共49块；

间隔0.1mm，有1.6mm、1.7mm、1.8mm、1.9mm，共4块；

间隔0.5mm，有0.5mm、1mm、1.5mm、…、9.5mm，共19块；

间隔10mm，有10mm、20mm、…、100mm，共10块；

1.005mm，1块。

选用量块组合时，应该从能够去掉所需尺寸的最小尾数开始，依次选取。例如，用83块一套的量块组合尺寸33.355mm，可以选用尺寸1.005mm、1.35mm、1mm、30mm 4块量块组合。

1.5.2　游标类量具

游标类量具是利用游标读数原理制成的一种常用量具，它具有结构简单、使用方便、测量范围大等特点，主要用于测量线性尺寸。常用的游标类量具有游标卡尺、深度游标卡尺、高度游标卡尺，它们的读数原理和读数方法相同，区别是测量面的位置不同。

1.5.2.1　游标类量具的结构

游标类量具的主体是一个刻有刻度的尺身，沿着尺身滑动的尺框上装有游标和微动装置，常用读数格式的游标卡尺的结构如图 1-3 所示。游标分度值有 0.02mm、0.05mm、0.1mm 三种。

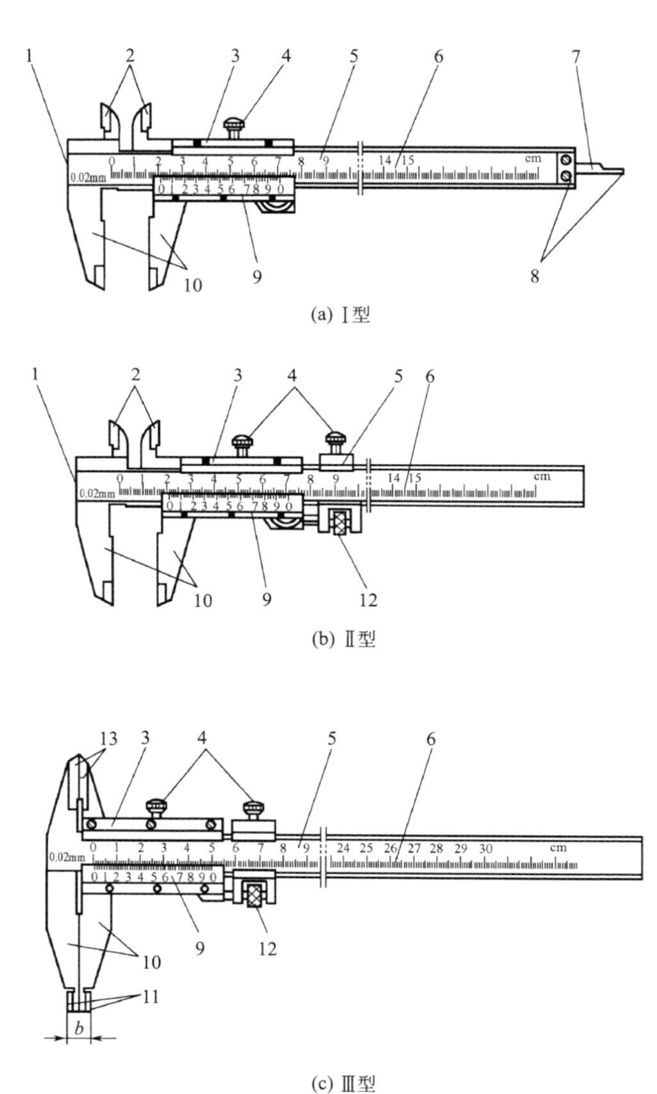

(a) Ⅰ型

(b) Ⅱ型

(c) Ⅲ型

图 1-3

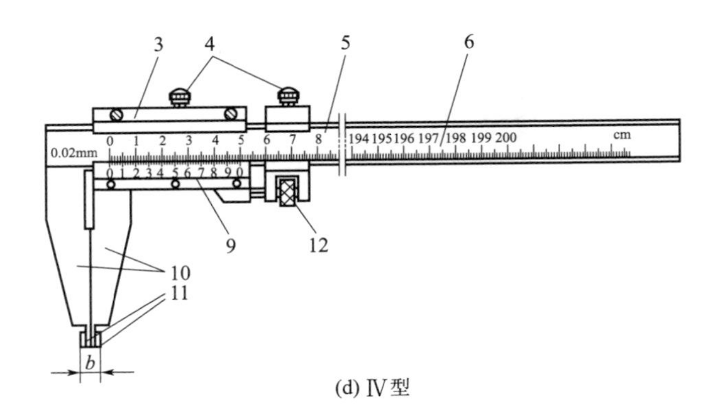

(d) Ⅳ型

图 1-3　游标卡尺的结构

1—尺身端面；2—刀口内量爪；3—尺框；4—紧固螺钉；5—尺身；6—主标尺；7—测深直尺；8—测深直尺测量面；9—游标尺；10—外量爪；11—圆弧量爪；12—微动螺母；13—刀口外量爪

1.5.2.2　游标类量具的使用

以普通游标卡尺为例，测量工件时，用手推动尺框（游标）在尺身上移动，当两个测量面快与被测量面接触时，停止推动尺框（游标），将紧固螺钉 4 拧紧，然后通过旋转微动螺母 12 对尺框（游标）的位置进行微调，使卡尺的两个测量面接触被测量面，待接触稳定后进行读数。

1.5.2.3　游标类量具读数方法

读数时（见图 1-4），首先看游标尺“0”刻线左边主标尺上第一条刻线的数值，该数值即为被测几何量数值的整数部分。然后看游标尺刻线中哪条线与主标尺上的某一条刻线完全对齐，则游标尺这条刻线的数值即为被测几何量数值的小数部分，上述两个尺寸之和为被测几何量数值。

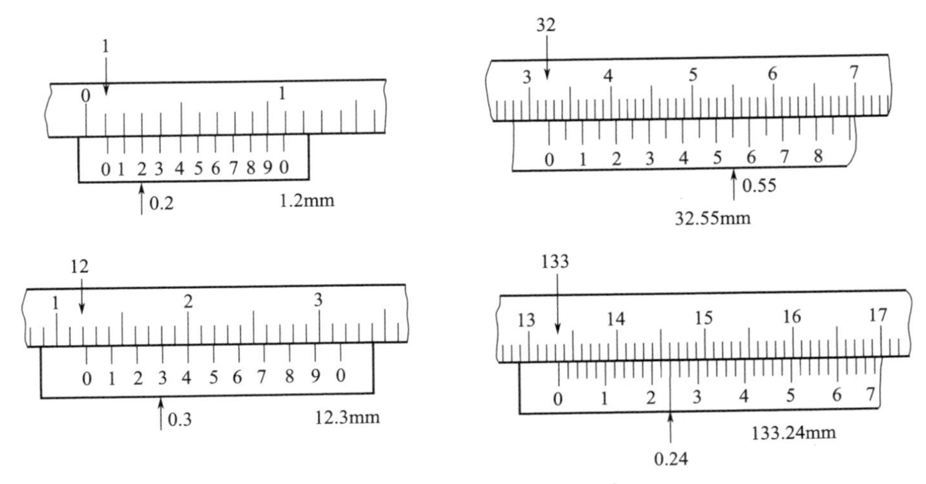

图 1-4　游标卡尺测量读数示例

数显游标卡尺的读数方法与普通游标卡尺类似，只是被测几何量数值的小数部分由指示表的指示值读取。

1.5.3 螺旋测微类量具

螺旋测微类量具是利用螺旋传动原理把螺杆的旋转运动转化为直线位移来进行测量的计量器具，按照用途的不同分为外径千分尺、内径千分尺、深度千分尺、公法线千分尺等，它们的读数原理和读数方法相同，区别是测砧的形状不同。

1.5.3.1 外径千分尺的结构

如图 1-5 所示，外径千分尺主要由尺架、读数装置和测力装置组成。尺架 1 的一端装有固定测砧，另一端装有测微螺杆。尺架的两侧面上覆盖着隔热护板 12，防止使用时手的温度影响千分尺的测量精度。

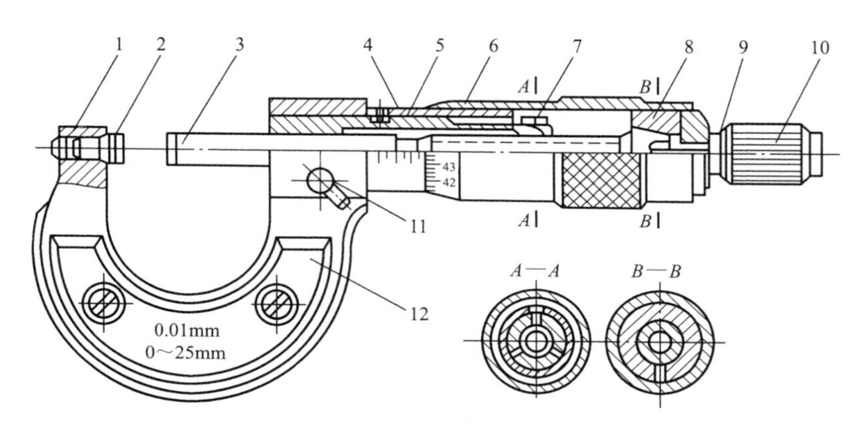

图 1-5 外径千分尺的结构

1—尺架；2—固定测砧；3—测微螺杆；4—螺纹轴套；5—固定套筒；6—微分筒；7—调节螺母；8—接头；9—垫圈；10—测力装置；11—锁紧手柄；12—隔热护板

读数装置由固定套筒 5 和微分筒 6 组成。固定套筒外面有刻度间距为 0.5mm 的纵向刻度标尺，里面有螺距为 0.5mm 的调节螺母。微分筒上有等分 50 格的圆周刻度，并且与螺距为 0.5mm 的测微螺杆固定成一体。

测力装置（见图 1-6）主要靠一对棘轮 3 和 4 的作用，棘轮 4 和转帽 5 连成一体，棘轮 3 可压缩弹簧 2 沿轴向移动，但不能转动，弹簧的弹力用于控制测量压力。测量时，用手旋转转帽 5，如果棘轮 4 对棘轮 3 所产生的测量压力小于弹簧 2 的弹力，转帽的运动就通过棘轮 4、3 传给螺钉 1，带动测微螺杆转动；如果测量压力大于弹簧 2 的弹力，棘轮 3 便压缩弹簧而在棘轮 4 上打滑，测微杆停止前进。

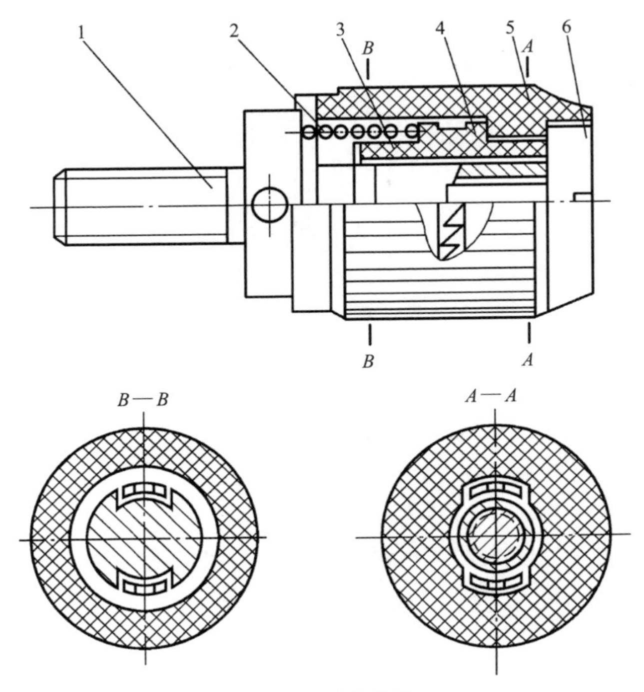

图 1-6　测力装置

1—螺钉；2—弹簧；3，4—棘轮；5—转帽；6—微分筒

1.5.3.2　千分尺的工作原理

千分尺是应用螺旋副的传动原理，将角位移转变为直线位移。它利用测微螺杆与调节螺母构成的螺旋副，将微分筒的角位移转换为测微螺杆的轴向直线位移。当微分筒旋转一周时，测微螺杆的轴向位移为 0.5mm；当微分筒旋转一格时，测微螺杆的轴向位移为

$$0.5\times(1/50)=0.01(\mathrm{mm})$$

0.01mm 即为千分尺的分度值。

1.5.3.3　千分尺的使用和读数

测量时，首先旋转微分筒，使两测量面之间的距离（外尺寸）调整到略大于被测尺寸。将千分尺的两个测量面送入要测量的位置，继续旋转微分筒，当两测量面将要接触被测量点时，开始缓慢旋动棘轮（测力装置），直至棘轮发出“咔咔”响声，表示测量面已与测微螺杆和固定测砧接触，然后读取测量值。

读数时（见图 1-7），先从固定套筒上读出测量值的整数部分和 0.5mm 部分，再从微分筒上读出测量值小于 0.5mm 的部分，三者之和就是被测几何量数值。

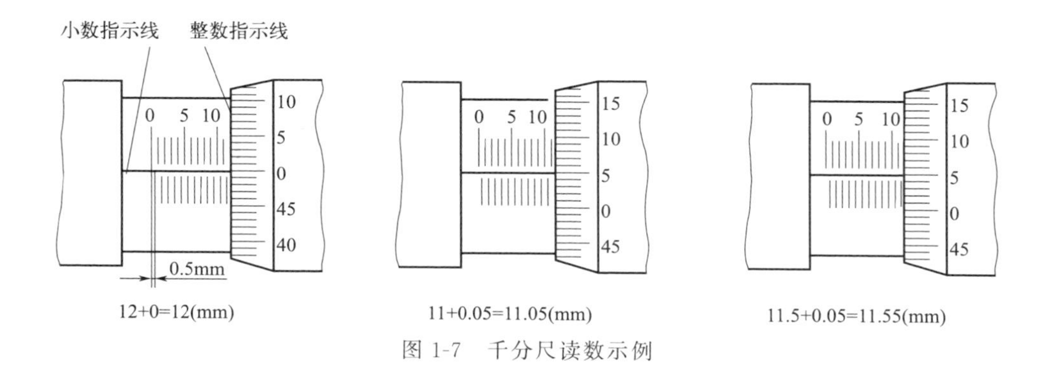

图 1-7 千分尺读数示例

1.5.4 指示表类量具

指示表类量具是带指示表的机械量仪的简称，根据用途和机构不同一般分为百分表（分度值为 0.01mm）、千分表（分度值为 0.005mm、0.002mm、0.001mm）、杠杆百分表、杠杆千分表、内径百分表、内径千分表、机械比较仪等。下面对比较常用的百分表进行简单介绍。

（1）百分表结构与测量原理。百分表是将测量杆的直线位移，通过机械传动系统转变为指针在表盘上的角位移以供读数的通用长度测量工具。如图 1-8 所示，当有齿条的测量杆 5 上下移动时，带动与齿条相啮合的小齿轮 1 转动，此时与小齿轮固定在同一轴上的大齿轮 2 也跟着转动，通过大齿轮即可带动中间齿轮 3 及与中间齿轮固定

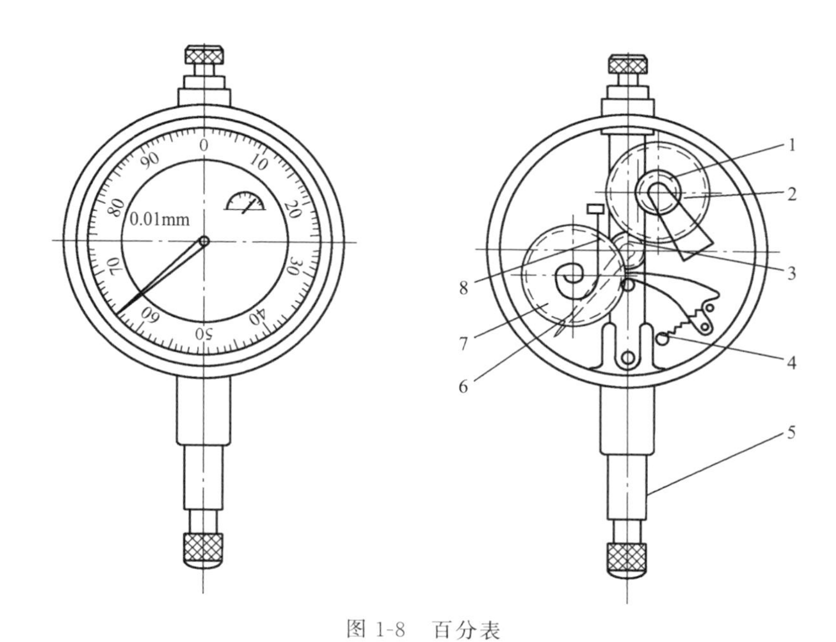

图 1-8 百分表

1—小齿轮；2，7—大齿轮；3—中间齿轮；4—弹簧；5—测量杆；6—指针；8—游丝

在同一轴上的指针 6。这样测量杆的微小位移经放大转变为指针的偏转，并由指针在刻度盘上指示出相应的数值。为了消除齿轮传动中由于齿侧间隙而引起的误差，在百分表内置有游丝 8，由游丝产生的扭转力矩作用在大齿轮 7 上，大齿轮 7 也与中间齿轮 3 啮合，以保证齿轮在正反转时都在同一齿侧面啮合。弹簧 4 是用来控制百分表测量力的。

(2) 百分表的使用和读数。测量时，调整百分表测量头的位置，使其与被测量面接触，并给予适当的测量力。适当的测量力是指：使测量头压到被测量面后，长指针顺时针方向旋转 0.5～1 转左右（相当于测量杆有 0.3～1mm 的压缩量），短指针在刻度 0～1 之间；然后转动分度盘，使分度盘上的零刻线与长指针对齐，以调整示值零位。

百分表表盘上的长指针旋转一转，短指针随着旋转一格，读数时，根据短指针所在的位置，判断长指针相对于分度盘零刻线的旋转方向和旋转的周数，从而准确读出百分表的示值。被测尺寸数值（毫米）的整数部分可以从小指示盘上读出，数值的小数部分可以从大指示盘上读出，两者之和即为被测尺寸数值，如图 1-9 所示。

使用百分表时，测量杆的轴线要与被测平面垂直，或与工件的直径方向一致，并垂直于工件的轴线，否则会产生误差，如图 1-10 所示。

图 1-9 百分表

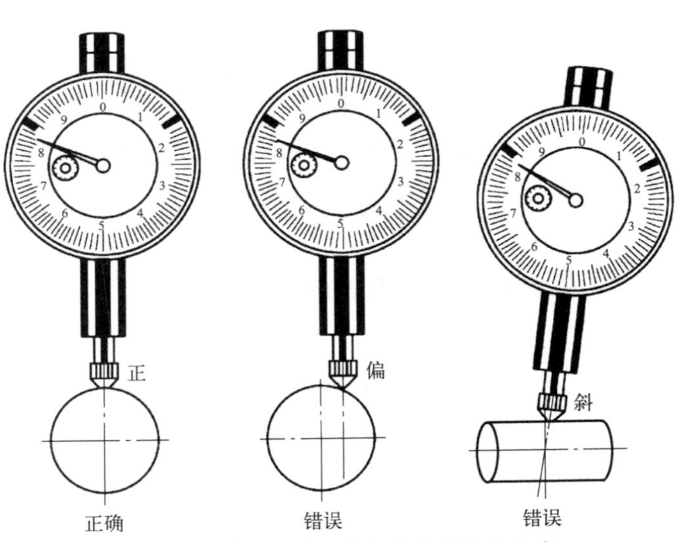

图 1-10 使用百分表测量圆柱形工件示意

第二章

线性尺寸测量

2.1 用立式光学比较仪测量外径实验

2.1.1 实验目的

（1）掌握用相对测量法测量线性尺寸的原理。

（2）掌握立式光学比较仪的测量原理和使用方法。

（3）熟悉量块的使用与维护方法。

2.1.2 仪器说明和测量原理

立式光学比较仪，是一种精度较高且结构简单的光学仪器，适用于外尺寸的精密测量。其主要技术参数如下：测量范围 0～180mm，示值范围±100μm，分度值 1μm。立式光学比较仪主要由底座 1、立柱 7、横臂 5、直角形光管 12、工作台 15 等部分组成。图 2-1 所示为立式光学比较仪的外形图。

直角形光管是仪器的主要部件，它由自准直望远镜系统和正切杠杆机构组合而成，其光学系统如图 2-2(a) 所示。光线经反射镜 1、棱镜 9 投射到分划板 6 的刻线尺 8（位于分划板左半部分）上，而分划板 6 位于物镜 3 的焦平面上。当刻线尺 8 被照亮后，从刻线尺发出的光束经直角转向棱镜 2、物镜 3 后形成平行光束，投射到平面反射镜 4 上。光束从平面反射镜 4 上反射回来后，在分划板 6 右半部分形成刻线尺 8 的影像，如图 2-2(b) 所示。从目镜 7 可以观察到该影像和一条固定指示线。刻线尺中部有一条零刻线，它的两侧各有 100 条均布的刻线，它们之间构成 200 格刻度间距。零刻线与固定指示线处于同一高度位置（即物镜焦点 C 的位置，见图 2-3）上。

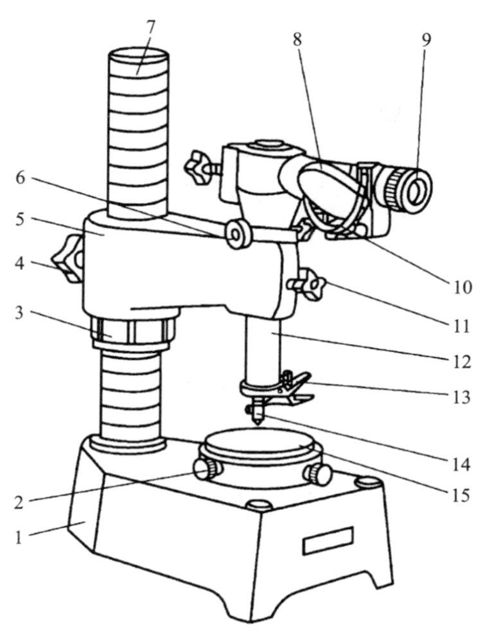

图 2-1　立式光学比较仪

1—底座；2—工作台调整螺钉（共四个）；3—横臂升降螺圈（粗调）；4—横臂固定螺钉；5—横臂；6—微动偏心手轮（细调）；7—立柱；8—激光分光镜；9—目镜；10—零位调节手轮（微调）；11—光管固定螺钉；12—直角形光管；13—提升器；14—测杆及测头；15—工作台

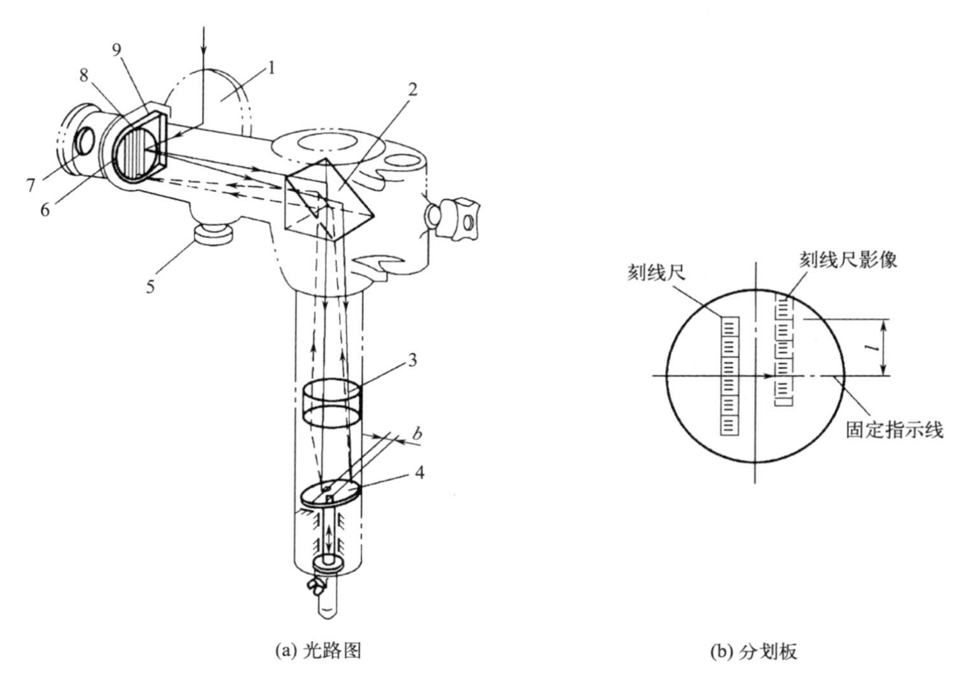

(a) 光路图　　(b) 分划板

图 2-2　直角形光管的光学系统

1—反射镜；2—直角转向棱镜；3—物镜；4—平面反射镜；5—微调螺旋；6—分划板；7—目镜；8—刻线尺；9—棱镜

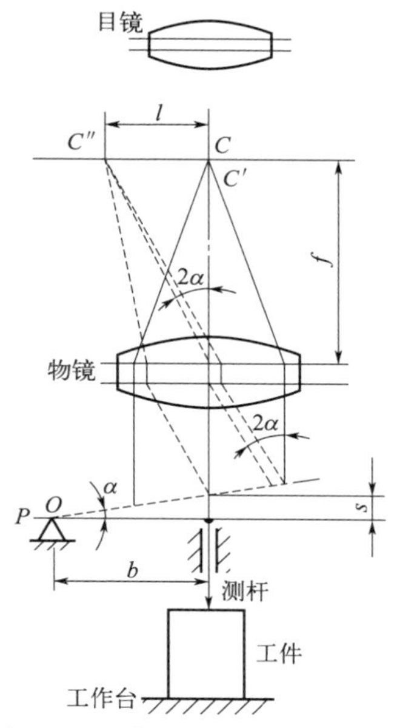

图 2-3　立式光学比较仪测量原理

立式光学比较仪的测量原理（即自准直原理）如图 2-3 所示，图中没有画出图 2-2(a) 中的直角转向棱镜。从物镜焦点 C 发出的光线，经物镜后变成一束平行光，投射到平面反射镜 P 上，若平面反射镜 P 垂直于物镜主光轴，则从反射镜 P 反射回来的光束由原光路回到焦点 C，像点 C' 与焦点 C 重合（即刻线尺上零刻线的影像与固定指示线重合，仪器示值为零）。如果被测尺寸变动，它使测杆产生微小的直线位移 s，推动反射镜 P 绕支点 O 转动一个角度 α，则反射镜 P 与物镜主光轴不垂直，反射光束与入射光束间的夹角为 2α，经物镜光束汇聚于像点 C''，从而使刻线尺影像产生位移 l。根据刻线尺影像相对于固定指示线的位移的大小即可判断被测尺寸的变动量。C'' 与 C 点间距离 l 的计算公式如下：

$$l = f\tan(2\alpha)$$

式中　f——物镜的焦距；

　　α——平面反射镜偏转角度。

测杆位移 s 与平面反射镜偏转角度 α 的关系为

$$s = b\tan\alpha$$

式中　b——测杆到平面反射镜支点 O 的距离。

这样，刻线影像位移 l 对测杆位移 s 的比值即为光管的放大倍数 n，计算公式如下：

$$n = \frac{l}{s} = \frac{f\tan(2\alpha)}{b\tan\alpha}$$

由于 α 角很小，取 $\tan2\alpha \approx 2\alpha$，$\tan\alpha \approx \alpha$，则

$$n = \frac{2f}{b}$$

光管中物镜的焦距 $f=200\text{mm}$，测杆到平面反射镜支点 O 的距离 $b=5\text{mm}$，于是光管的放大倍数为

$$n=\frac{2\times200}{5}=80$$

目镜的放大倍数为 12，仪器的放大倍数为

$$K=12n=12\times80=960$$

光管中分划板上刻线尺的刻度间距 c 为 0.08mm，人眼从目镜中看到的刻线尺影像的刻度间距为

$$a=12c=12\times0.08=0.96(\text{mm})$$

因此，仪器的分度值为

$$i=\frac{a}{K}=\frac{12\times0.08}{12\times80}=0.001(\text{mm})=1(\mu\text{m})$$

2.1.3 实验步骤（见图 2-1）

（1）选择测头。测头的形状有球形、刀刃形和平面形三种。按照测头与被测表面的接触应为点接触的准则，测球面时用平面测头，测平面时用球形测头，测圆柱面时用刀刃形或平面测头。根据被测表面的几何形状，选择适当形状的测头并把它安装在测杆上。

（2）选择工作台。配合仪器使用的工作台有调节式的圆形平面工作台、圆形带筋工作台和固定式的带筋方形工作台，根据被测工件的尺寸和形状选择适合的工作台。使工作台上的红点标记对准螺钉 2，然后拧紧四个固定螺钉即可。

（3）用游标卡尺测量被测工件外径的基本尺寸，然后选取相同尺寸的量块，或研合在一起的量块组。

（4）通过变压器接通电源。

（5）将量块组放在工作台 15 的中央，并使测头 14 对准量块的上测量面的中心点，按下列步骤进行仪器示值零位调整。

① 粗调。松开螺钉 4，转动螺圈 3，使横臂 5 缓慢下降，直到测头 14 与量块测量面接触，且从目镜 9 的视场中看到刻线尺影像为止，然后拧紧螺钉 4。

② 细调。松开螺钉 11，转动微动偏心手轮 6，使刻线尺零刻线的影像与虚线重合［见图 2-4(a)］，然后拧紧螺钉 11。若拧紧螺钉 11 后，零位稍有移动，不必再松开螺钉 11，可进行下一步微调。

③ 微调。转动零位调节手轮 10，使零刻线影像与虚线重合，如图 2-4(b) 所示。

④ 检查零位稳定性。按动提升器 13，使测头起落数次，检查零位稳定性。零位若发生移动要重新进行微调，直到示值零位稳定不变，方可进行测量工作。

（6）按动提升器 13，使测头抬起，取下量块组，换上被测工件，松开提升器

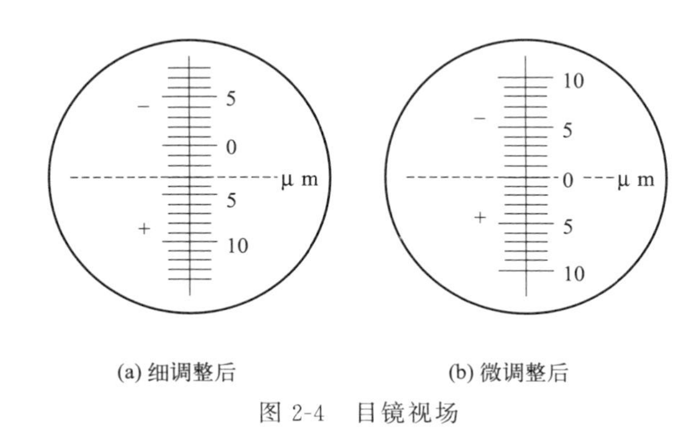

(a) 细调整后　　(b) 微调整后

图 2-4　目镜视场

13，使测头与被测塞规工作表面接触。如图 2-5 所示，在工件表面均布的三个横截面Ⅰ—Ⅰ、Ⅱ—Ⅱ、Ⅲ—Ⅲ上，分别对相互垂直的两个直径方向 aa、bb 进行测量。测量时，将被测工件表面在测头下缓慢地前后移动，读取示值中的最大值（刻线尺影像移动方向的转折点），即为被测工件的实际尺寸相对于量块组尺寸的偏差 e_a。

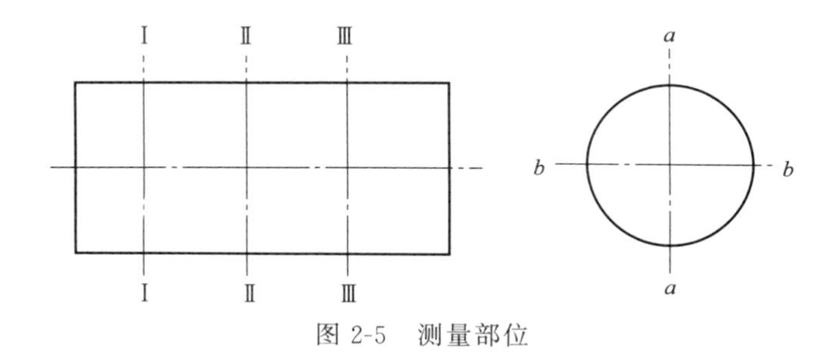

图 2-5　测量部位

（7）测量完毕，取下被测工件，再放上量块组复查示值零位，若零位误差超过半格必须重测。

（8）判断合格性。计算被测工件各部分的实际尺寸 $d=\phi+e_a$。所测每一个尺寸都满足验收合格条件时，判定为合格，否则为不合格。验收合格条件为 $e_i+A\leqslant e_a\leqslant e_s-A$，其中，$A$ 为安全裕度，查表 1-3 可得。

2.1.4　思考题

（1）用立式光学比较仪测量外径属于何种测量方法？绝对测量与相对测量各有何特点？

（2）不同形状测头的选择依据是什么？

（3）怎样正确地选用量块和研合量块组？使用量块时应注意哪些方面？

2.2　用内径百分表测量孔径实验

2.2.1　实验目的

（1）掌握用内径百分表进行相对测量的原理。

（2）了解内径百分表的结构并熟悉其使用方法。

2.2.2　仪器说明和测量原理

内径百分表是用相对测量法测量内尺寸的较高精度的量具，主要用于测量通孔、盲孔及深孔的直径或形状误差，适合测量IT8、IT9级精度的孔。通常使用分度值为0.01mm的百分表，测量范围一般为10～18mm、18～35mm、35～50mm、60～100mm、100～160mm、160～250mm、250～450mm等。其结构如图2-6所示。

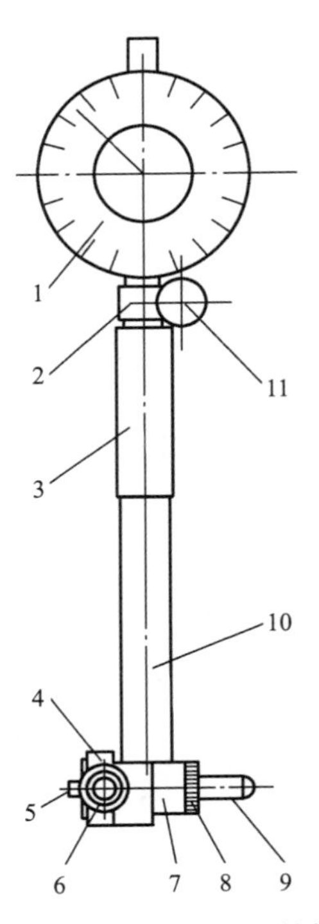

图2-6　内径百分表的结构

1—百分表；2—紧固器；3—隔热手柄；4—护桥；5—活动测头；6—翼轮；7—主体；8—调整螺母；9—可换测头；10—大管；11—紧固螺钉

测量时，手握隔热手柄 3，使活动测头 5 和可换测头 9 分别与被测孔的孔壁接触。活动测头 5 向表座体内移动，通过主体内的等臂直角杠杆机构，将活动测头的直线位移转换成百分表的角位移，最后从百分表上显示。每个内径百分表都附有一组长短不同的固定测头，可根据被测孔直径的大小来选择使用。

用内径百分表测量孔径，首先用装在量块夹子中的具有孔径基本尺寸 l 的量块组来调整内径百分表的示值零位，然后用它测量被测孔径，测量时百分表上显示的示值 Δx 即为实际被测孔径对基本尺寸 l 的偏差值，则实际被测孔径 $D=l+\Delta x$。

2.2.3 实验步骤（见图 2-7）

（1）安装百分表。把百分表的下轴套擦干净，小心地插入表架的直管中并压缩，使百分表的主指针转过一圈后，用夹紧手柄紧固卡箍，夹紧力不宜太大。

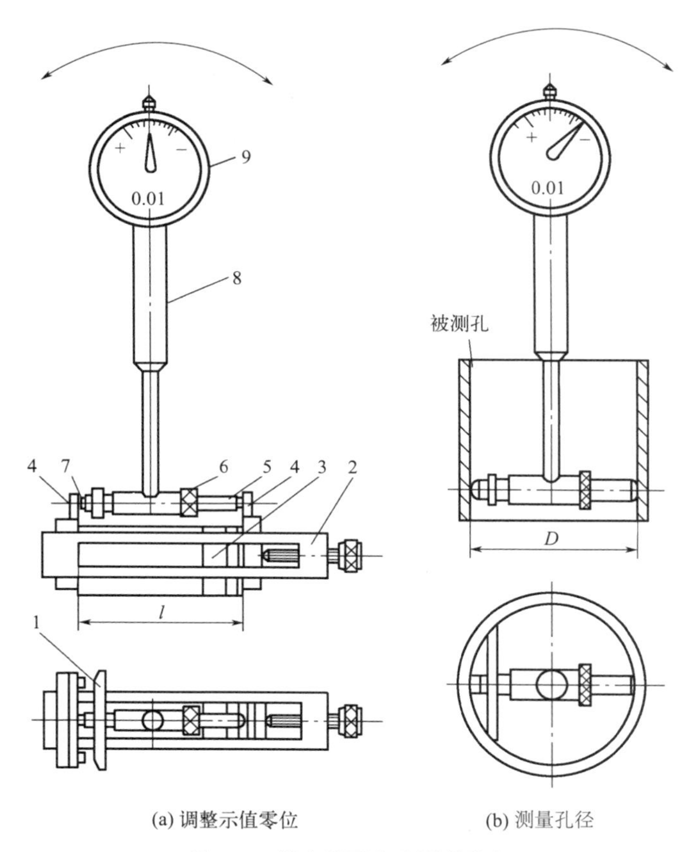

图 2-7 用内径百分表测量孔径

1—定心板；2—量块夹子；3—量块组；4—量爪；5—固定测头；6—固定测头锁紧螺母；7—活动测头；8—隔热手柄；9—指示表（百分表）

（2）选取固定测头。用游标卡尺测量被测孔径的基本尺寸 l，根据尺寸 l 选取合适相应尺寸的固定测头拧在主体上，调整固定测头，使活动测头与固定测头之间的距离约为基本尺寸+活动测头有效行程/2，然后用锁紧螺母紧固。

（3）根据被测孔的基本尺寸 l 选取一块或几块量块，并把它们研合成量块组。将量块组 3 和两个量爪 4 一起装入量块夹子 2 中夹紧。

（4）内径百分表调零。手握隔热手柄 8，将内径百分表的测头 5 和 7 小心地放入两个量爪 4 之间。为了避免测头与量爪或工件之间的磨损，用手指压紧定心护桥，先放入活动测头 7，后放入固定测头 5。在轴向平面内左右摆动内径表架，找出两个测头的轴线与量爪表面垂直时百分表的示值，即指针的拐点。然后，转动百分表刻度盘，使表盘的零刻线与指针的拐点处重合。如此反复几次，直到指针稳定地在零刻线处转折为止。

（5）测量孔径。将内径百分表的两个测头按照前述方法放入被测孔中。手握隔热手柄 8，按图 2-7(b) 所示的箭头方向摆动内径表架。记下百分表指针转折点时的示值。该示值即为实际被测孔径 D 对量块组尺寸 l 的实际偏差 e_a。被测孔径实际尺寸为 $D=l+e_a$。在被测孔中均布的三个横截面Ⅰ—Ⅰ、Ⅱ—Ⅱ、Ⅲ—Ⅲ上，分别对互相垂直的两个方向 aa、bb 上的孔径进行测量，如图 2-8 所示。

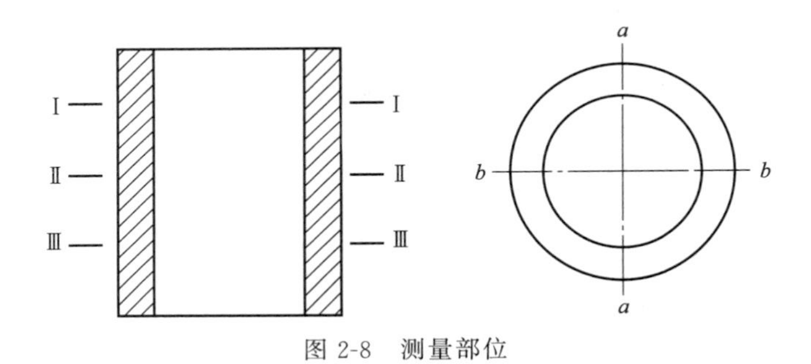

图 2-8 测量部位

（6）判断合格性。计算被测孔径各部分的实际尺寸 $D=l+e_a$。所测每一个尺寸都满足验收合格条件时，判定为合格，否则为不合格。验收合格条件为 $e_i+A \leqslant e_a \leqslant e_s-A$，其中，$A$ 为安全裕度，查表 1-3 可得。

2.2.4 思考题

（1）用内径百分表测量孔径属于何种测量方法？

（2）调整内径百分表示值零位和用它测量孔径时，在平面内摆动的目的是什么？

（3）分析测量结果存在哪些测量误差？

班级：　　　　　　　　姓名：　　　　　　　　学号：

实验报告 2.1　用立式光学比较仪测量外径

1. 量仪名称及规格

（1）量仪名称________________，量仪的分度值____________。

（2）量仪的测量范围______________，量仪的示值范围__________。

2. 测量对象及要求

（1）被测工件名称______________。

（2）被测要素的公称尺寸____，公差代号____，上偏差____，下偏差____。

（3）安全裕度 A 的值_______，验收极限偏差_______。

3. 仪器调零

所用各量块尺寸______________，组合尺寸________mm。

4. 测量数据及其处理

测量部位简图	截面	方向	示值/μm	实际尺寸/mm

5. 合格性判断

班级：　　　　　　　　　姓名：　　　　　　　　　学号：

实验报告 2.2　用内径百分表测量孔径

1. 量仪名称及规格

（1）量仪名称____________________，量仪的分度值________________。

（2）量仪的测量范围__________________，量仪的示值范围______________。

2. 测量对象及要求

（1）被测工件名称__________________。

（2）被测要素的公称尺寸______，公差代号______，上偏差______，下偏差______。

（3）安全裕度 A 的值__________，验收极限偏差__________。

3. 仪器调零

所用各量块尺寸__________________，组合尺寸____________mm。

4. 测量数据及其处理

测量部位简图	截面	方向	示值/μm	实际尺寸/mm

5. 合格性判断

第三章

形状和位置误差的测量

3.1 用平面度检查仪测量直线度误差实验

3.1.1 实验目的

（1）了解平面度检查仪的测量原理和测量给定平面内直线度误差的方法。

（2）掌握给定平面内直线度误差值的评定方法。

（3）掌握按两端点连线和最小包容区域作图求解直线度误差值的方法。

3.1.2 仪器说明和测量原理

平面度检查仪是利用自准直原理，对小角度范围内的微小角度变化进行测量的精密仪器。它由主体和反射镜两部分组成，主体包括光管和读数显微镜。测量时，主体安放在被测工件之外的固定位置上，反射镜安放在桥板上，并把桥板放置在实际被测表面上。

图 3-1 所示为平面度检查仪的光学系统图。光源 13 发出的光线，经过滤光片 12 照亮十字分划板 11 上的十字线，再经过立方棱镜 6、反射镜 4 和 5、物镜 2 和 3、形成一束平行光束射向平面反射镜 1，十字分划板 11 上的十字投射在平面反射镜 1 上，经反射后，成像在目镜分划板 8 上。若平面反射镜 1 的反射面垂直于物镜光轴，光线按原路返回，反射回来的十字分划板的影像（亮十字）经立方棱镜 6 并被其中的半透明膜向上反射到目镜分划板 8 上，与目镜分划板 8 上的指示线重合，见图 3-2(a)。若被测平面凹凸不平，使桥板连同平面反射镜 1 的反射面与光轴不垂直，产生一个偏角 α（见图 3-3），则反射光线与入射光线将有 2α 的偏角，在目镜中的十字线影像将相

对于目镜分划板 8 的指示线产生相应的偏移量 y。

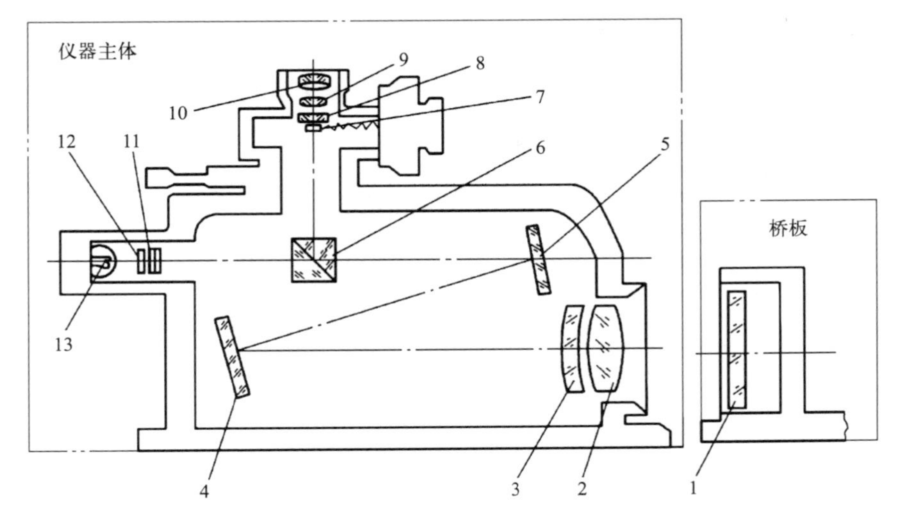

图 3-1 平面度检查仪的光学系统图

1—平面反射镜；2，3—物镜；4，5—反射镜；6—立方棱镜；7，8—分划板；9，10—目镜；11—十字分划板；12—滤光片；13—光源

偏移量 y 的数值由固定分划板 7 和仪器主体上的测微鼓轮读出（见图 3-2）。测微鼓轮上有 100 格等分的圆周刻度，测微鼓轮每转一周，就使目镜分划板 8 上的指示线相对于固定分划板 7 上的刻线尺移动一个刻度间距。

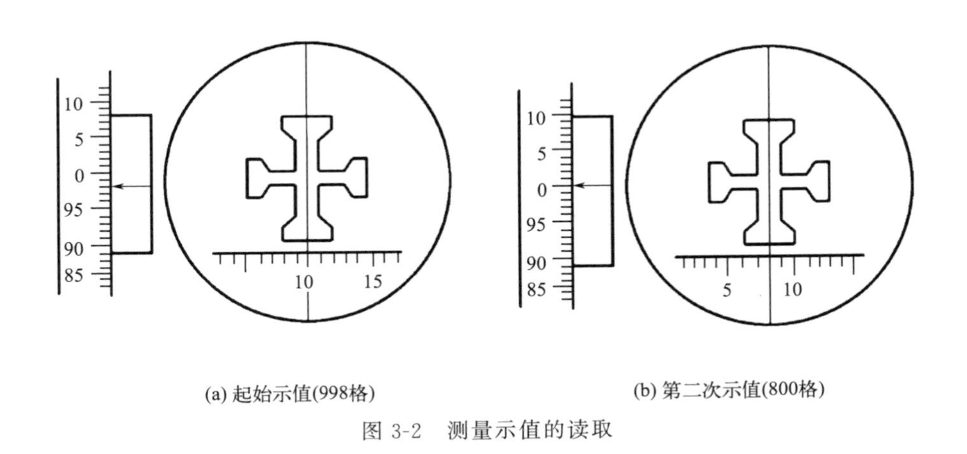

(a) 起始示值(998格)　(b) 第二次示值(800格)

图 3-2 测量示值的读取

若测微鼓轮每格的角度分度值为 1″，则其线值分度值用 0.005mm/m 或 0.005/1000 表示。如果使用桥板的跨距为 200mm，则测微鼓轮每格的实际分度值为

$$i=200\times0.005/1000=0.001(\text{mm})=1(\mu\text{m})$$

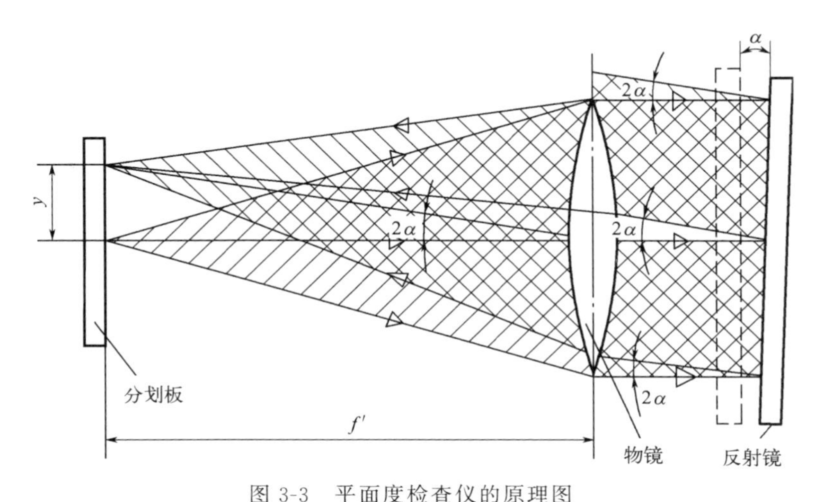

图 3-3　平面度检查仪的原理图

α—平面反射镜倾斜角度；2α—光线反射角；f'—物镜的焦距；y—偏移量

3.1.3　实验步骤（见图 3-4）

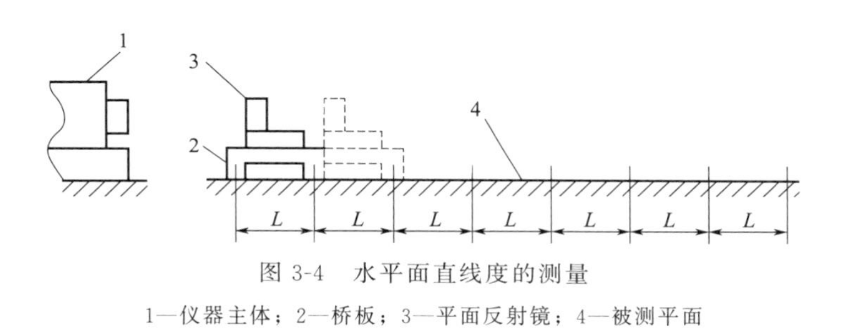

图 3-4　水平面直线度的测量

1—仪器主体；2—桥板；3—平面反射镜；4—被测平面

（1）沿工件被测直线的方向将平面度检查仪的主体安放在被测工件体外，在被测直线旁标出均匀布点的各测点的位置。将平面反射镜 3 安放在跨距适当的桥板 2 上，接通电源，然后，将桥板分别放置在被测直线的两端，使光线照准安放在桥板上的反射镜。

（2）调整平面度检查仪主体的位置，使分划板上的亮十字影像在反射镜 3 位于被测直线的两端时均能进入视场，然后将主体的位置加以固定。

（3）将安放着反射镜的桥板移动到靠近平面度检查仪主体的被测直线一端，调整目镜分划板上的指示线位置，使它位于亮十字影像的中间［见图 3-2(a)］，然后，读取并记录固定分划板和测微鼓轮上的刻度数值，二者之和作为起始示值 y_0。

（4）按各测点的位置逐段地移动桥板。按首尾相接的原则，每隔 200mm 依次移动桥板，并且反射镜不得相对于桥板产生位移。转动测微鼓轮，调整目镜分划板上的指示线位置，使它位于亮十字影像的中间［见图 3-2(b)］，读取并记录固定分划板和测微鼓轮上的刻度数值，作为每个测点的数据值 y_i，i 表示测点序号。由始测点测到终测点后，再由终测点返测到始测点。

（5）将在各个测量位置上记录的两次示值的平均值分别作为各个测量位置的测量数值。若某个测量位置两次示值的差异较大，则表明测量不正常，查明原因后重测。

（6）按两端点连线法和最小包容区域法处理测量数据，求解直线度误差值。

3.1.4　直线度误差值的评定方法

给定平面内的直线度误差值应按最小包容区域评定，也允许按实际被测直线两端点的连线或其他方法来评定。

（1）按最小包容区域评定直线度误差值。如图 3-5 所示，由两条平行直线包容实际被测直线时，实际被测直线上至少有三个测点分别与这两条直线接触，形成高-低-高或低-高-低三极点相间接触，则这两条平行直线之间的区域称为最小包容区域。最小包容区域的宽度即为直线度误差值 f_{MZ}。这两条平行包容直线中那条位于实际被测直线体外的直线是评定基准。

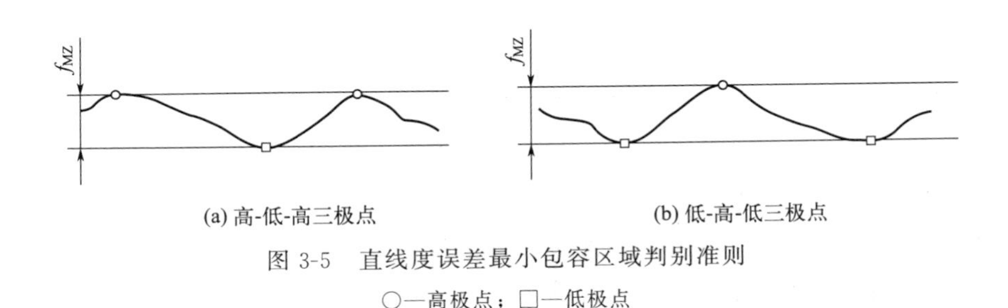

图 3-5　直线度误差最小包容区域判别准则

○—高极点；□—低极点

（2）按两端点连线评定直线度误差值。如图 3-6 所示，按两端点连线评定直线度误差值，是指以实际被测直线的两端点 B 和 E 的连线 l_{BE}（两端点连线）作为评定基准，取各测点相对于该连线的偏离值 h_i 中的最大偏离值 h_{max} 与最小值 h_{min} 之差 f_{BE} 作为直线度误差值。测点在直线 l_{BE} 上方的偏离值取正值，测点在连线 l_{BE} 下方的偏离值取负值，即 $f_{BE}=h_{max}-h_{min}$。

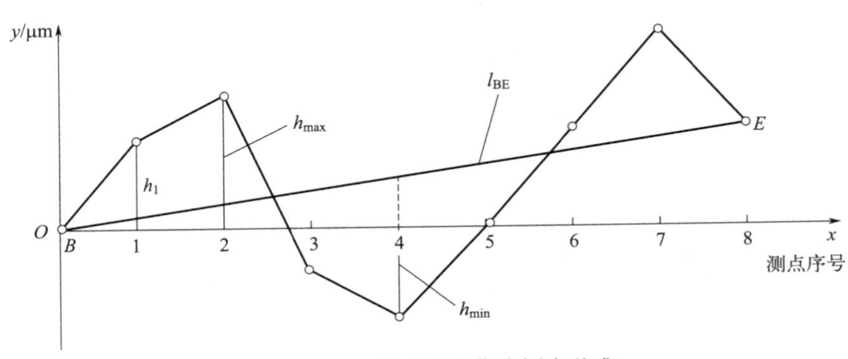

图 3-6　以两端点连线作为评定基准

应当指出，无论用何种测量方法测量任何实际直线的直线度误差，按最小包容区域评定的误差值与按两端连线或其他方法评定的误差值相比较，前者一定小于后者，因此，按最小包容区域评定误差值可以获得最佳的技术经济效益。

3.1.5 数据处理示例

用分度值为 $L/200$（单位：μm）的平面度检查仪测量工件长度为 1400mm 的导轨的直线度误差，桥板的跨距 L 为 200mm，将导轨分成 7 段（7 个检测位置）进行测量，测量数据见表 3-1。

表 3-1 直线度误差测量数据

测点序号 i	0	1	2	3	4	5	6
桥板位置 iL/mm	0	200	400	600	800	1000	1200
各测点读数 y_i/格	70	75	86	105	93	75	80
各测点示值累积值 $\sum\Delta y_i$/格	0	5	16	35	23	5	10

（1）按两端点连线图解直线度误差值。如图 3-7 所示，根据表 3-1 所列，在坐标纸上用横坐标轴表示各测点序号，用纵坐标轴表示测量方向上各测点示值累积值。将各测点示值累积值按实测值或缩小或放大的比例标在坐标纸上，然后各个点连成一条误差折线，该误差折线可以用来表示实际被测直线。在误差折线上，连接其两端点 B、E，得到两端点连线 l_{BE}。从误差折线上找出相对于直线 l_{BE} 的最高点（3，35）和最低点（5，5）。从坐标纸上分别量取并计算这两个测点相对于直线 l_{BE} 的最大偏离值 $h_{max}=29.7\mu$m，最小偏离值 $h_{min}=-3.8\mu$m，它们的代数差即为直线度误差值 f_{BE}，有

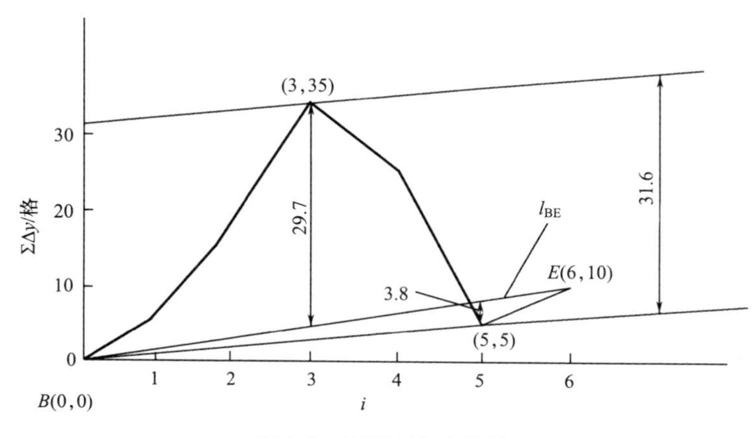

图 3-7 图解直线度误差

$$f_{BE}=[29.7-(-3.8)]\times200/200=33.5(\mu m)$$

（2）按最小包容区域图解直线度误差。如图 3-7 所示，从误差折线上确定低-高-低（或高-低-高）相间的三个极点。过两个低极点（0，0）和（5，5）作一条直线，再过高极点（3，35）作一条平行于上述直线的直线，包容这条误差折线，从坐标纸上量取这两条平行直线间的 y 坐标距离为 31.6 格，它的数值即为直线度误差值 f_{MZ}，有

$$f_{MZ}=31.6\times200/200=31.6(\mu m)$$

3.1.6　思考题

（1）按两端点连线和按最小包容区域评定直线度误差各有何特点？哪种方法较准确？

（2）针对本仪器采用相对读数法和绝对读数法哪种更准确？

3.2　测量平面度误差、平行度误差和位置度误差实验

3.2.1　实验目的

（1）掌握用指示表和精密平板测量平面度误差、平行度误差、位置度误差的方法。

（2）掌握按最小包容区域和对角线平面评定平面度误差的方法和数据处理方法。

（3）掌握被测平面对基准平面的平行度误差的评定方法和数据处理方法。

（4）掌握被测平面对基准平面的位置度误差的评定方法和数据处理方法。

3.2.2　平面度误差的测量原理和评定方法

3.2.2.1　平面度误差的测量原理

平面度误差是指被测表面对其理想平面的变动量，理想平面的位置应符合最小条件。平面可以看成是由许多直线组成的，因此，平面度误差可通过测量平面上几条有代表性的直线上若干个特殊的点，然后根据一定的准则对测得的数据进行处理而求得。

测量平面度误差时，所测直线和点的数量根据被测平面的大小来决定，常用的布线和布点的方式如图 3-8 所示，最外的测点应距工作面边缘 5～10mm，按图中箭头所示的方向依次进行测量。

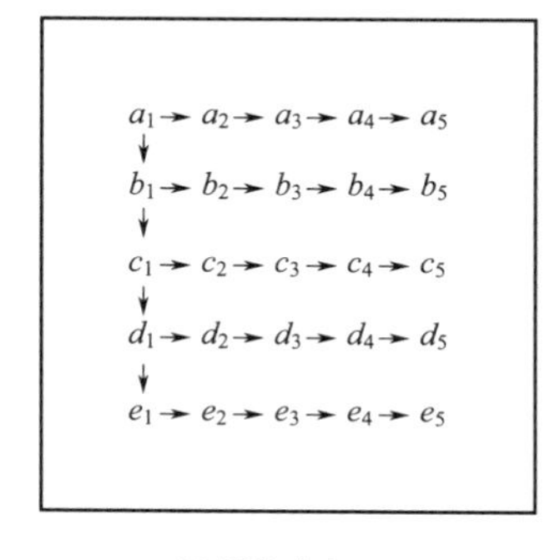

(a) 网格布点1

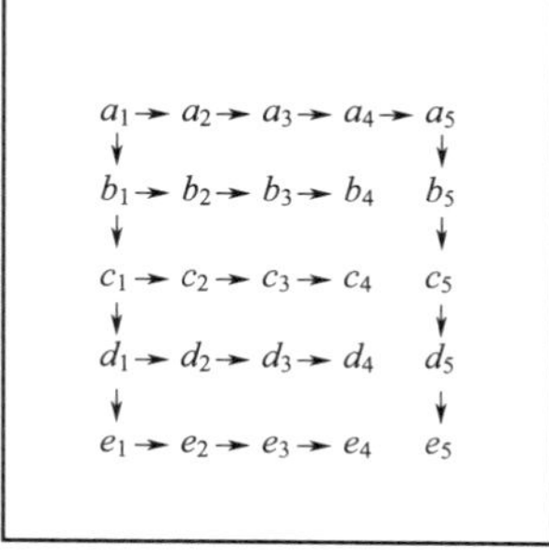

(b) 网格布点2

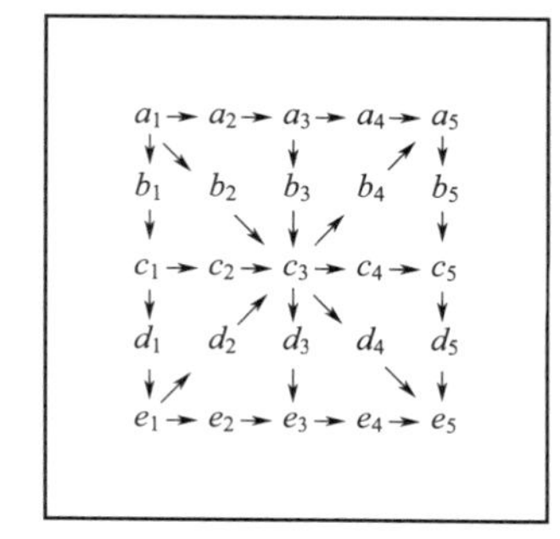

(c) 对角线布点

图 3-8　测量平面度误差的布线和布点方式

用指示表测量平面度误差，测量装置如图 3-9 所示。

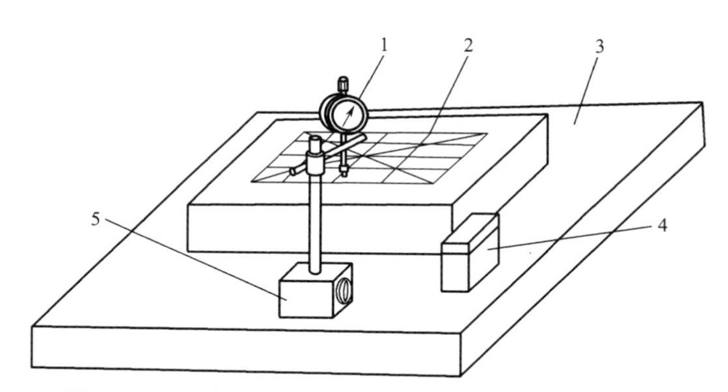

图 3-9　平面度误差、平行度误差和位置度误差测量示意

1—指示表；2—被测平板；3—基准平板；4—量块组；5—测量架

3.2.2.2　平面度误差的评定方法

（1）按最小包容区域评定。如图 3-10 所示，由两个平行平面包容实际被测平面时，若实际被测表面各测点中至少有四个测点分别与这两个平行平面接触，且满足下列条件之一，则这两个包容平面之间的区域称为最小包容区域，最小包容区域的宽度即为平面度误差值。

① 三角形准则：被测平面上至少有三个测点与一个包容平面接触，有一个测点与另一个包容平面接触，且该点的投影落在上述三点连成的三角形内，如图 3-10(a) 所示，或者落在该三角形的一条边上。

② 交叉准则：被测平面上至少有两个高极点和两个低极点分别与两个平行平面

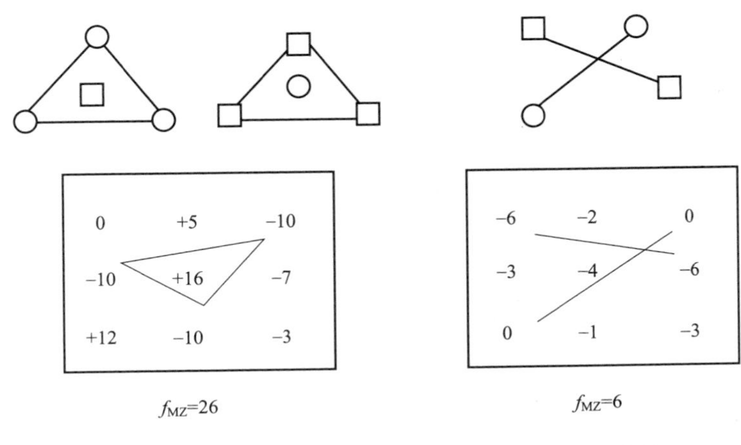

(a) 三角形准则　　(b) 交叉准则

图 3-10　平面度误差最小包容区域判别准则（μm）

接触，且两个高极点的连线和两个低极点的连线在空间成交叉状态，如图 3-10(b) 所示。或者有两个高（低）极点与两个平行平面中的一个平面接触，还有一个低（高）极点与另一个平面接触，并且该低（高）极点的投影在两个高（低）极点的连线上。

（2）按对角线平面评定。用通过实际被测表面的一条对角线且平行于另一条对角线的平面作为评定基准，以各测点对此评定基准的偏离值中的最大偏离值与最小偏离值之差作为平面度误差值。测点在对角线平面上方时，偏离值为正值；测点在对角线下方时，偏离值为负值。

无论用何种测量方法测量何种实际表面的平面度误差，按最小包容区域评定的误差值一定小于或等于按对角线平面评定或其他方法评定的误差值，因此，按最小包容区域评定平面度误差值可以获得最佳的技术经济效益。

3.2.3　面对面平行度误差的评定和测量

面对面平行度误差值用定向最小包容区域评定。如图 3-11 所示，用平行于基准平面 A 的两个平行平面包容实际被测表面 S 时，若实际被测表面各测点中至少有一个高极点和一个低极点分别与这两个平行平面接触，则这两个平行平面之间的区域 U 称为定向最小包容区域，该区域的宽度 f_U 即为平行度误差值。

本实验用指示表和精密平板测量平行度误差，测量装置如图 3-9 所示。测量时，将被测平板 2 放置在基准平板 3 的工作面上，首先用量块或量块组调整指示表 1 的示值零位，然后用调整好示值零位的指示表测量实际被测表面各测点相对于量块或量块组尺寸的偏差，并记录在指示表上显示的偏差值，最大值与最小值之差即为被测平面相对于基准平面的平行度误差值。

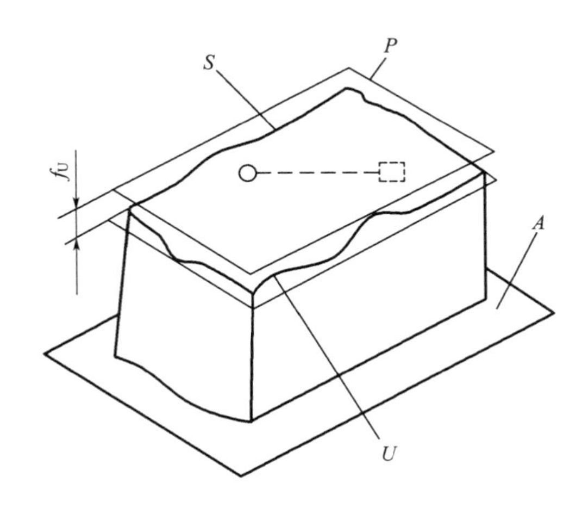

图 3-11 被测表面相对基准平面的平行度误差的评定

A—基准平面；S—被测平面；P—理想平面

3.2.4 面对面位置度误差的评定和测量

面对面位置度误差值用定位最小包容区域评定。如图 3-12 所示，评定面对面位置度误差时，首先要确定理想平面（评定基准）P 的位置，它平行于基准平面 A 且距基准平面 A 的距离为图样上标注的理论正确尺寸 l。

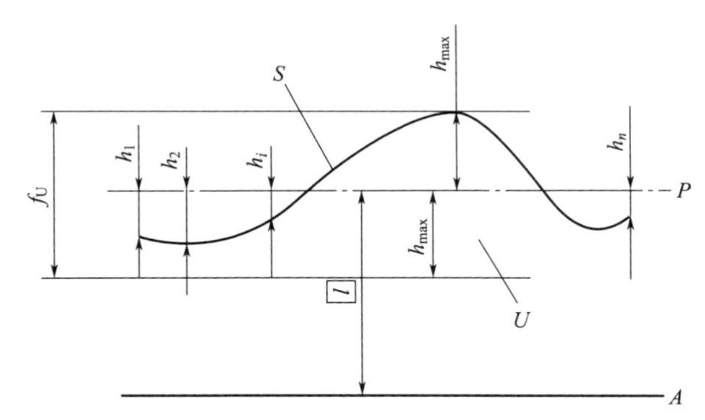

图 3-12 被测平面对基准平面的位置度误差定位最小包容区域的判别准则

h_i—实际被测表面各测点至理想平面的距离（$i=1, 2, \cdots, n$）

当平行于基准面 A 的两个平行平面相对于理想平面 P 对称地包容实际被测表面 S 时，实际被测表面各测点中只要有一个极点与这两个平行平面中的任何一个平面接触，则这两个平行平面之间的区域 U 称为定位最小包容区域。该区域的宽度即为位置度误差值 f_U，它等于该极点至理想平面 P 的距离 h_{max} 的两倍，即 $f_U=2h_{max}$。

本实验用指示表和精密平板测量位置度误差，其测量装置如图 3-9 所示。测量时，将被测平板 2 放置在基准平板 3 工作面上，以平面 A 作为基准面。按图样上标注的理论正确尺寸组合量块组 4，用它调整指示表 1 的示值零位。然后用调整好示值零位的指示表测量实际被测表面各测点相对于量块或量块组尺寸的偏差，并记录在指示表上显示的偏差值，最大偏差值的两倍即为位置度误差值 f_U。

3.2.5　实验步骤（见图 3-9）

按如图 3-13 所示标注的公差，测量被测平面的平面度误差和相对于基准平面 A 的平行度误差和位置度误差。

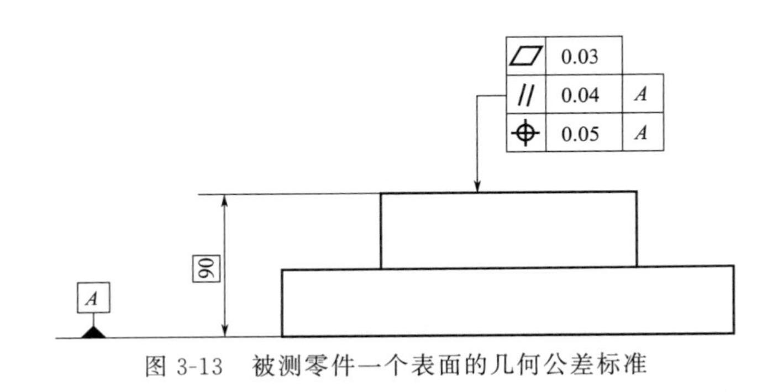

图 3-13　被测零件一个表面的几何公差标准

（1）将被测平板 2 放置在基准平板 3 的工作面上，该工作面既是测量基准，又是模拟体现测量平行度误差和位置度误差时的基准平面。

（2）根据上述的布点方法，在实际被测表面上均匀布置若干测点并标出这些测点的位置。在空间直角坐标系中，各相邻两测点在横坐标轴方向上的距离皆相等，各相邻两测点在纵坐标轴方向上的距离也都相等；坐标轴方向为测量方向。

（3）按图 3-13 上标注的理论正确尺寸“90”选取几块量块，并将它们组合成尺寸为 90mm 的量块组，将该量块组放置在图 3-9 基准平板 3 的工作面上。

（4）调整指示表 1 在测量架 5 上的位置，使指示表的测头与量块组 4 的上测量面接触，并施加一定的测量力，使指示表的大指针正转 1～2 周（小指针指在 1 和 2 之间）；然后转动表盘（分度盘），使表盘上的零刻度线与大指针对齐，记下小指针的初始位置。

（5）移动测量架 5，用调整好示值零位的指示表 1 测量各测点相对于 90mm 量块组的偏差，同时记录指示表在各测点的示值。

（6）根据记录的指示表在各测点的示值求解误差值。

① 按对角线平面和最小包容区域求解平面度误差值。

② 按定向最小包容区域求解平行度误差值。

③ 按定位最小包容区域求解位置度误差值。

（7）按图 3-13 标注的几何公差标值判断平板被测平面几何误差值是否合格。

3.2.6 数据处理和计算实例

用如图 3-9 所示的测量装置，实际被测表面上均匀布置 9 个测点，被测平面与基准面的理论尺寸为 90mm，用分度值为 0.001mm 的指示表进行测量，测得的数值如图 3-14(a) 所示。

(1) 平面度误差测量数据的处理方法。评定平面度误差值时，首先将测量数据进行坐标转换，把实际被测表面上各测点相对测量基准的坐标值转换为相对评定方法所规定的评定基准的坐标值，各测点之间的高度差不会因坐标转换而改变。

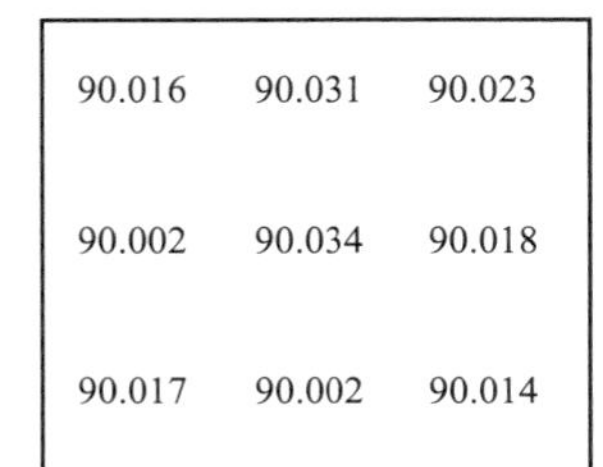

(a) 各测点的值(mm)

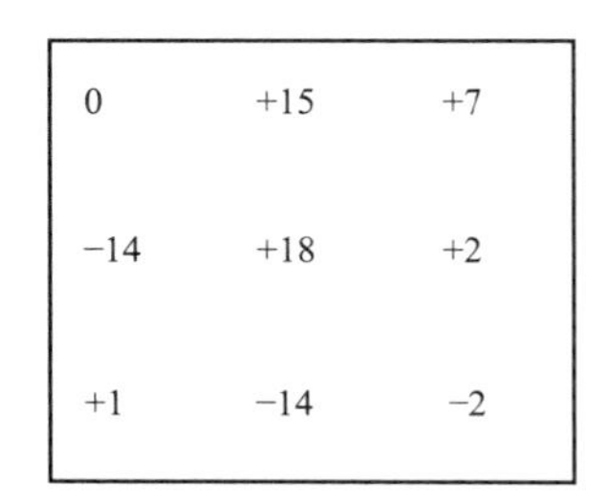

(b) 各测点值与第一个测点值的代数差(μm)

图 3-14 实际被测表面 9 个测点的测量数据

建立以第一条横向测量线为 x 坐标轴，第一条纵向测量线为 y 坐标轴，测量方向为 z 坐标轴的空间直角坐标系，Oxy 平面为测量基准。换算各测点的坐标值时，以 x 轴和 y 轴作为旋转轴。设绕 x 轴旋转的单位旋转量为 y，绕 y 轴旋转的单位旋转量为 x，则当实际被测表面绕 x 轴旋转，再绕 y 轴旋转时，各测点的综合旋转量如图 3-15 所示。各测点的原坐标值加上综合旋转量，得到坐标转换后各测点的坐标值。

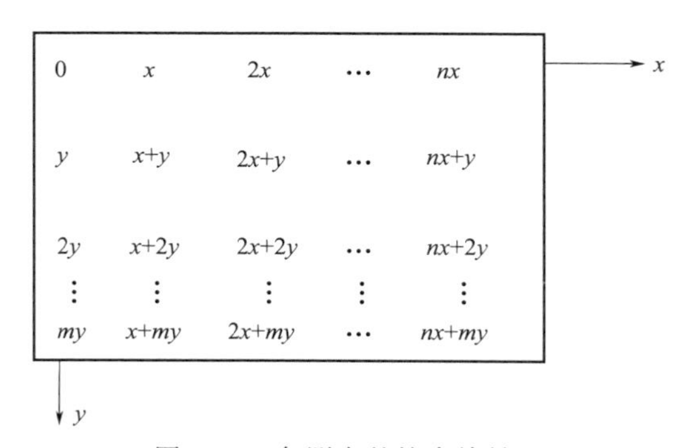

图 3-15 各测点的综合旋转量

为了方便测量数据的处理，首先求出图 3-14(a) 所示 9 个测点的示值与第一个测点 a_1 的示值的代数差，得到图 3-14(b) 所示 9 个测点的数据。

① 按对角线平面评定平面度误差值。按图 3-14(b) 所示的数据，为了获得对角

线平面，使 a_1、c_3 两点和 a_3、c_1 两点旋转后分别等值，由图 3-14(b) 和图 3-15 得出

$$\begin{cases}-2+2x+2y=0\\+7+2x=+1+2y\end{cases}$$

解得 $x=-1\mu m$，$y=+2\mu m$，正、负号表示旋转方向。

因此，求得各测点的综合旋转量如图 3-16(a) 所示。把图 3-14(b) 和图 3-16(a) 中的对应数据分别相加，则求得第一次坐标转换后各测点的数据如图 3-16(b) 所示。

0	−1	−2
+2	+1	0
+4	+3	+2

(a) 各测点的综合旋转量

0	+14	+5
−12	+19	+2
+5	−11	0

(b) 第一次坐标转换后的数据

图 3-16 按对角线平面评定平面度误差值（μm）

由图 3-16(b) 可知，对角线平面（评定基准）为通过 $a_1(0)$、$c_3(0)$ 两个角点的连线，且平行于 $a_3(+5)$、$c_1(+5)$ 两个角点的连线的平面，因此按对角线平面评定的平面度误差值 f_{DL} 为

$$f_{DL}=(+19)-(-12)=31(\mu m)=0.031(mm)$$

f_{DL} 大于图 3-13 上标注的平面度公差值（0.03mm），所以判定为不合格。

② 按最小包容区域评定平面度误差值。分析图 3-16(b) 所示 9 个测点的数据，判断实际被测表面可能呈中凸形，符合最小包容区域的三角形准则，选取 b_1、c_2、a_3 三点为三个低极点，高极点 b_2 的投影落在 $\triangle b_1c_2a_3$ 内。因此，处理数据时，使 b_1、c_2、a_3 三点旋转后等值，由图 3-16(b) 和图 3-15 得出

$$-12+y=-11+x+2y=+5+2x$$

经求解，得到绕 y 轴和 x 轴旋转的单位旋转量分别为

$$x=-6\mu m, y=+5\mu m$$

因此，求得各测点的综合旋转量见图 3-17(a)。把图 3-16(b) 和图 3-17(a) 中的对应数据分别相加，则求得第二次坐标转换后各测点的数据见图 3-17(b)。

由图 3-17(b) 的数据看出，b_1、c_2、a_3 三点符合三角形准则。按最小包容区域评定的平面度误差值 f_{MZ} 为

$$f_{MZ}=(+18)-(-7)=25(\mu m)=0.025(mm)$$

f_{MZ} 小于图 3-13 上标注的平面度公差值（0.03mm），判定为合格。

应当指出，在图 3-17(b) 所示数据的基础上，本例只进行一次坐标转换，就获得了符合最小包容区域判别准则的平面度误差值。而在实际工作中常常由于极点选择不准确，需要进行多次坐标转换，才能获得符合最小包容区域判别准则的平面度误差值。

0	−6	−12
+5	−1	−7
+10	+4	−2

(a) 各测点的综合旋转量

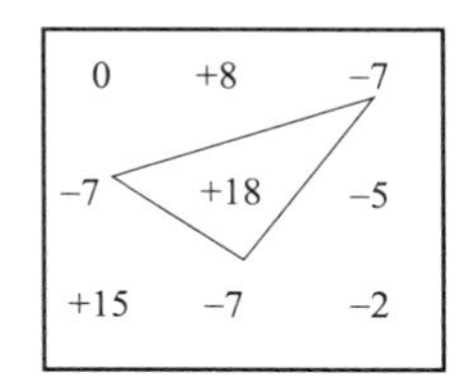

(b) 第二次坐标转换后的数据

图 3-17　按最小包容区域评定平面度误差值（μm）

（2）平行度误差测量数据的处理方法。由图 3-11 和图 3-14(b) 确定高极点为 b_2(＋18)，低极点为 b_1(－14)，求得平行度误差值 f_U 为

$$f_U=(+18)-(-14)=32(\mu m)=0.032(mm)$$

f_U 小于图 3-13 所示平行度公差值（0.04mm），判定为合格。

（3）位置度误差测量数据的处理方法。由图 3-12 和图 3-14(a) 确定各测点中距评定基准最远的一点为 b_2(90.034)，求得位置度误差值 f_U 为

$$f_U=2\times(90.034-90)=2\times0.034=0.068(mm)$$

f_U 大于图 3-13 所示位置度公差值（0.05mm），判定为不合格。

3.2.7　思考题

（1）按最小包容区域和按对角线平面评定平面度误差值各有何特点？

（2）如果只测量平面度误差和平行度误差，需要使用量块组吗？试述理由。

班级：　　　　　　　　　姓名：　　　　　　　　　学号：

实验报告 3.1　用平面度检查仪测量直线度误差

1. 量仪名称及规格

（1）量仪名称＿＿＿＿＿＿＿＿＿＿＿，量仪的分度值＿＿＿＿＿＿＿＿。

（2）量仪的测量范围＿＿＿＿＿＿＿＿＿，桥板跨距＿＿＿＿＿＿＿＿＿＿。

2. 测量对象及要求

工件长度＿＿＿＿＿＿＿＿＿，分段数＿＿＿＿＿＿＿＿＿＿＿＿＿。

3. 测量数据

测点序号 i	0	1	2	3	4	5	6	7
桥板位置 iL/mm								
各测点读数 y_i/格								
$\sum\Delta y_i$/格								

4. 数据处理

（1）用最小包容区域法求解直线度误差：

（2）用两端点连线法求解直线度误差：

班级：　　　　　　　　姓名：　　　　　　　　学号：

实验报告 3.2　测量平面度误差、平行度误差和位置度误差

1. 量仪名称及规格

（1）量仪名称＿＿＿＿＿＿＿＿＿＿＿＿，指示表的分度值＿＿＿＿＿＿＿＿。

（2）指示表的测量范围＿＿＿＿＿＿＿＿＿＿。

2. 测量对象及要求

（1）被测表面布点方法＿＿＿＿＿，布点格数＿＿＿＿，被测平面高度＿＿＿。

（2）相邻两测点的间距为纵向＿＿＿＿mm，横向＿＿＿＿mm。

3. 测量结果（平面布点图、各点测量值）

4. 数据处理

5. 测量结果及分析评定

（1）平面度误差值______μm，平行度误差值______μm，位置度误差值____μm。

（2）合格性结论______。

第四章

齿轮精度测量

4.1 齿轮公法线长度偏差的测量实验

4.1.1 实验目的

（1）熟悉公法线千分尺的结构和使用方法。
（2）掌握齿轮公称公法线长度的计算公式。
（3）掌握公法线长度的测量方法。
（4）加深对公法线长度偏差定义的理解。

4.1.2 公法线长度偏差与公称公法线长度的计算公式

4.1.2.1 公法线长度偏差

齿轮公法线长度是指齿轮上几个轮齿的两端异向齿廓间所包含的一段基圆圆弧，即两端异向齿廓间基圆切线线段的长度，如图 4-1 所示。公法线长度偏差 ΔE_{bn} 是指实际公法线长度 W_i 与公称公法线长度 W 之差，它是评定齿轮齿厚减薄量的指标。公法线长度变动公差 ΔF_W 是指齿轮一周范围内，实际公法线长度的最大值与最小值之差，反映齿轮加工中切向误差引起的齿距不均匀性，用来评定齿轮的运动精度。公法线长度合格条件是：被测各条公法线长度的偏差均在公法线长度上偏差 E_{bns} 与下偏差 E_{bni} 范围内（$E_{bni} \leqslant \Delta E_{bn} \leqslant E_{bns}$）。

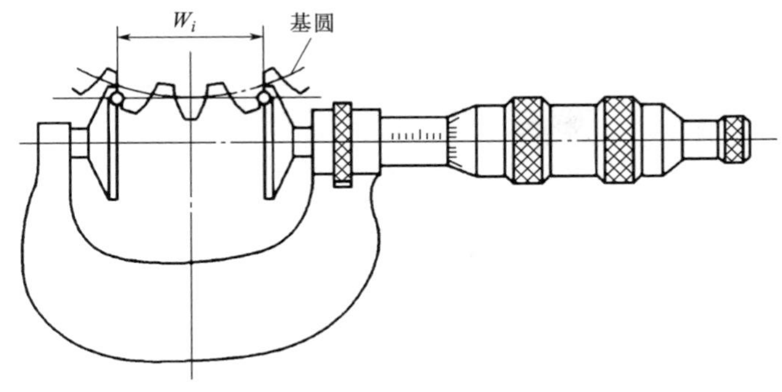

图 4-1　公法线长度

4.1.2.2　标准直齿圆柱齿轮的公称公法线长度计算公式

（1）公称公法线长度 W 的计算公式：

$$W = m\cos\alpha[\pi(n-0.5)+z\,\mathrm{inv}\alpha]+2xm\sin\alpha \tag{4-1}$$

式中　m，z，α，x，n——齿轮的模数、齿数、标准压力角、变位系数、跨齿数；

$\mathrm{inv}\alpha$——渐开线函数，$\mathrm{inv}20° = 0.014904$。

当 $\alpha = 20°$，$x = 0$ 时，式(4-1) 可简化为

$$W = m[1.4761\times(2n-1)+0.0140z] \tag{4-2}$$

（2）跨齿数 n 的计算公式：

当 $\alpha = 20°$，$x = 0$ 时，有

$$n = z/9+0.5 \tag{4-3}$$

计算出的 n 值通常不是整数，必须将它化整为最接近计算值的整数。

为了使用方便，按式(4-2) 和式(4-3) 分别计算出 $\alpha = 20°$、$m = 1\text{mm}$ 的各种不同齿数齿轮跨齿数 n 的化整值和公称公法线长度 W 的数值，列于表 4-1。

4.1.3　仪器说明

公法线长度通常使用公法线千分尺测量。

公法线千分尺的外形如图 4-2 所示。它的结构、使用方法和读数方法与外径千分尺相同，区别是公法线千分尺的量砧制成碟形，以便于进入齿槽进行测量。公法线千分尺的分度值为 0.01mm，测量范围有 0～25mm，25～50mm，50～75mm，…，275～300mm，示值范围都是 25mm。

4.1.4　实验步骤

（1）根据被测齿轮的模数 m、齿数 z、标准压力角 α 等参数计算跨齿数 n 和公称公法线长度 W（或从表 4-1 查取）。

表 4-1　$\alpha=20^{\circ}$、$m=1$mm 的标准直齿圆柱齿轮的公称公法线长度 W 的数值

齿数 z	跨齿数 n	公称公法线长度 W/mm	齿数 z	跨齿数 n	公称公法线长度 W/mm
17	2	4.6663	34	4	10.8086
18	3	7.6324	35		10.8226
19		7.6464	36	5	13.7888
20		7.6604	37		13.8028
21		7.6744	38		13.8168
22		7.6884	39		13.8308
23		7.7024	40		13.8448
24		7.7165	41		13.8588
25		7.7305	42		13.8723
26		7.7445	43		13.8868
27	4	10.7106	44		13.9008
28		10.7246	45	6	16.8670
29		10.7386	46		16.8810
30		10.7526	47		16.8950
31		10.7666	48		16.9090
32		10.7806	49		16.9230
33		10.7946	50		16.9370

注：对应其他模数的齿轮，将表中 W 的值乘以模数。

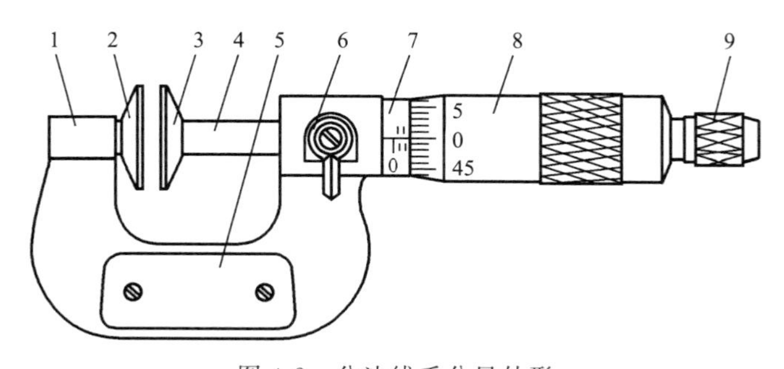

图 4-2　公法线千分尺外形

1—尺架；2—固定量砧；3—活动量砧；4—测微螺杆；5—隔热装置；
6—锁紧装置；7—固定套筒；8—微分筒；9—测力装置

（2）按公称公法线长度 W，选择适当测量范围的公法线千分尺，测量前应校准其示值零位。

（3）测量公法线长度时应注意公法线千分尺两个碟形量砧的测量位置，尽可能使

两个量砧与齿面在分度圆附近相切，如图 4-3 所示。

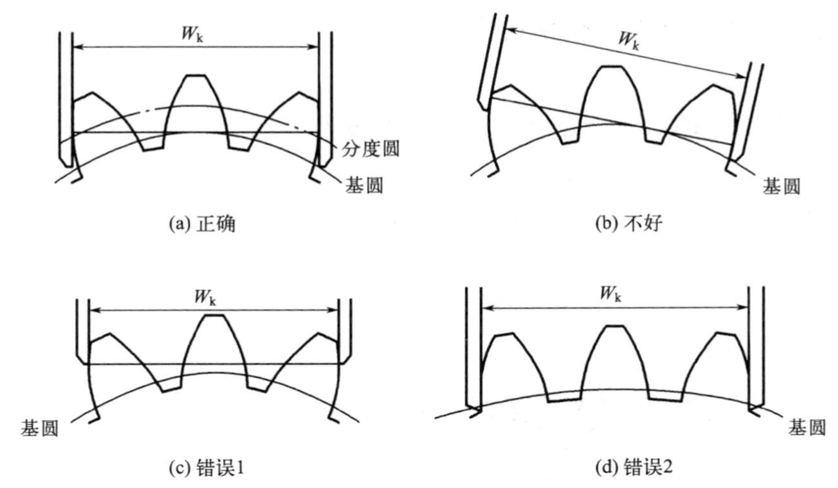

图 4-3　公法线长度测量示意

(4) 在被测齿轮圆周上测量均布的 6 条或更多条公法线长度，记录每次测量的数值。测量后，应校对公法线千分尺的示值零位，误差不得超过半格刻度。

(5) 计算公法线长度变动公差 ΔF_W、公法线长度的偏差 E_{bn}

$$\Delta F_W = W_{max} - W_{min}$$

$$E_{bn} = W_i - W$$

式中　E_{bn}——公法线长度偏差；

W_i——实际公法线长度；

W——公称公法线长度。

4.1.5　思考题

(1) 公法线长度偏差与齿厚偏差有什么关系？与测量齿轮齿厚相比较，测量齿轮公法线长度有何优点？

(2) 若只测量 ΔF_W，是否需要计算公称公法线长度值？

4.2　齿轮径向跳动的测量实验

4.2.1　实验目的

(1) 了解齿轮径向跳动测量仪的结构并熟悉它的使用方法。

(2) 加深对齿轮径向跳动的定义的理解。

4.2.2 齿轮径向跳动及其合格条件

齿轮径向跳动 ΔF_r 是指将测头相继放入被测齿轮的每个齿槽内，并于接近齿高中部的位置与左、右齿面接触时，测头相对于齿轮基准轴线的最大变动量，如图 4-4 所示。齿轮径向跳动不是齿轮的必检精度指标。按 GB/T 10095.2—2008 的规定，在一定条件下，它可以用来评定齿轮传递运动的准确性。合格条件是：被测齿轮的 ΔF_r 不大于齿轮径向跳动公差 F_r（$\Delta F_r \leqslant F_r$）。

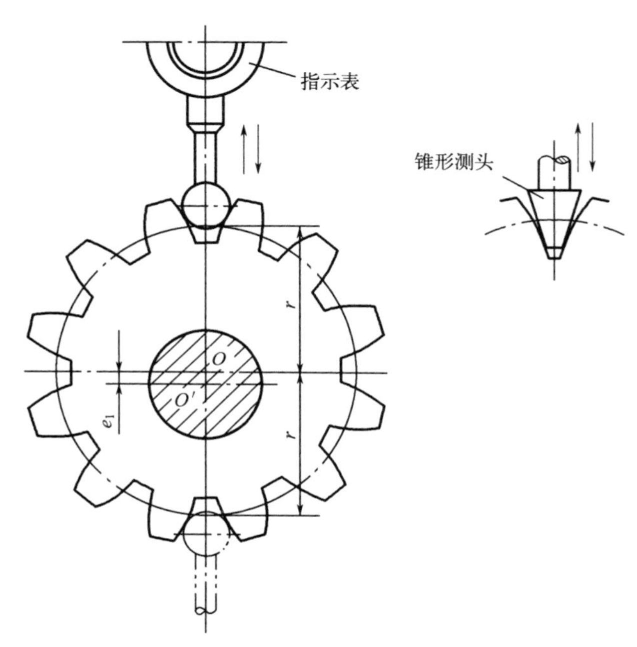

图 4-4 齿轮径向跳动

O—加工齿轮时的回转轴线；O'—齿轮基准孔的轴线（测量基准）；

r—测量半径；e_1—几何偏心距

齿轮径向跳动可以使用齿轮径向跳动测量仪、偏摆检查仪和万能测齿仪来测量。本实验采用齿轮径向跳动测量仪进行测量。

4.2.3 量仪说明与测量原理

齿轮径向跳动测量仪是手动、纯机械齿轮测量仪器，利用两高精度顶尖（莫氏 3 号锥度，两顶尖具有较高的同轴度）定位齿轮，对其连线与滑板的平行度、与测量方向的垂直度都有较高的要求，并保证测头与齿轮中心等高。用手转动齿轮，测头逐齿在齿轮的径向移动，同时带动指示表测量其跳动值。

量仪的外形如图 4-5 所示，主要由量仪座Ⅰ、测量滑座Ⅱ、滑板Ⅲ和顶尖座Ⅳ四部分组成。测量时，把被测齿轮 13 安装在两个顶尖之间；或者将齿轮安装在心轴上（齿轮基准孔与心轴呈无间隙配合，用心轴轴线模拟体现该齿轮的基准轴线），把心轴安装在两个顶尖之间。将指示表插入表座固紧，转动手轮 4 向前移动滑座，使测头在齿槽内于接近齿高中部与该齿槽左、右齿面接触，千分表示值约在半量程时，锁紧测量滑座锁紧手柄。为保证测头在接近齿高中部与该齿槽双面接触，应按照被测齿轮的模数选取合适的测头。扳动手柄 5 使测头逐齿槽地测量它相对于齿轮基准轴线的径向位移，该径向位移由指示表 12 的示值反映出来。指示表的最大与最小示值之差即为齿轮径向跳动 ΔF_r 的数值。

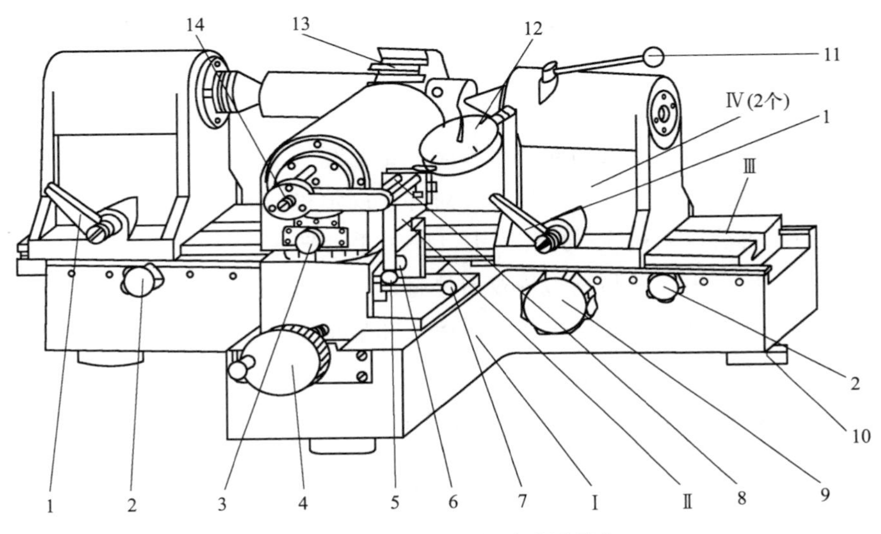

图 4-5 卧式齿轮径向跳动测量仪

1—顶尖座锁紧手柄；2—滑板锁紧手轮；3—测头定位机构；4—手轮；5—测头后退手柄；6—转角锁紧手柄；7—测量滑座锁紧手柄；8—保护螺钉；9—滑板移动手轮；10—调平地脚螺钉；11—顶尖后退手柄；12—指示表；13—被测齿轮；14—测力调节螺钉

4.2.4 实验步骤

（1）选取测头。按被测齿轮的模数选取合适的测头，将测头装在主机上，拧紧螺钉。测头的选取原则如下：使测头与被测齿轮的齿槽双面接触，接触点在被测齿轮的中径附近。可按下面的公式进行计算：

$$D_p = D_b \times [\tan(\alpha + 90°/z) - \tan\alpha] \tag{4-4}$$

或者按简化公式计算：

$$D_p \approx (1.5 \sim 1.8)m \tag{4-5}$$

式中 D_p——测头直径；

D_b——基圆直径。

（2）调整两顶尖座的间距，以适应被测齿轮轴的长度，并在该位置将顶尖座锁紧手柄1锁紧。

（3）扳动顶尖后退手柄11将被测齿轮装在两顶尖之间，并用手柄11控制顶紧力的大小，使工件能灵活转动，且无轴向间隙。

（4）调整保护螺钉8，使测量板离开初始位置约5mm。调节测力调节螺钉14，保证被测齿轮心杆无变形，同时测头能定位在齿槽的最低点。

（5）将指示表插入表座，用螺钉固紧，指示表测头应与测杆相接触。同时，为了保护指示表，应调整保护螺钉8，使它在指示表满量程前与测杆相接触。

（6）松开转角锁紧手柄6，转动测量滑座，使测头与齿槽母线垂直后锁紧。

（7）松开滑板锁紧手轮2，转动滑板移动手轮9，使测头对准齿轮待测位置，后锁紧两侧滑板锁紧手轮2。

（8）松开测量滑座锁紧手柄7，转动手轮4，向前移动测量滑座，使测头与齿轮的齿槽双面相切，指示表示值约在半量程时，锁紧测量滑座锁紧手柄，转动指示表的表盘，使指示表的长指针与表盘的零刻线对齐，确定指示表的示值零位。

（9）扳动测头后退手柄5，退出测头，同时手动转过一个齿槽，松开手柄5，使测头进入下一个齿槽内，并与该齿槽双面接触，记下指示表的示值。这样依次测量其余的齿槽，从记录的指示表示值中找出最大值和最小值，它们的差值即为被测齿轮的径向跳动ΔF_r的数值。

（10）测量完成后，松开测量滑座锁紧手柄7，转动手轮4，向后移动测量滑座，使测头离开被测工件。调整保护螺钉，使测杆与指示表的测头脱离，取下工件，完成测量。

4.2.5 思考题

（1）齿轮径向跳动ΔF_r主要反映齿轮的哪个加工误差？

（2）齿轮径向跳动对齿轮传动有什么影响？

班级：　　　　　　　　　　　　姓名：　　　　　　　　　　　　学号：

实验报告 4.1　齿轮公法线长度偏差的测量

1. 量仪名称及规格

（1）量仪名称＿＿＿＿＿＿＿＿＿＿，量仪的分度值＿＿＿＿＿＿＿＿。

（2）量仪的测量范围＿＿＿＿＿＿＿，量仪的示值范围＿＿＿＿＿＿＿。

2. 被测齿轮

（1）模数＿＿＿＿＿，齿数＿＿＿＿＿，压力角 α＿＿＿＿。

（2）测量时跨齿数 n＿＿＿＿，公称公法线长度及其偏差＿＿＿＿＿＿＿＿。

（3）齿轮公法线长度偏差允许值＿＿＿＿＿ μm。

3. 测量数据

齿序	1	2	3	4	5	6	7	8
实际 W 值								

4. 数据处理

5. 合格性判断

班级：　　　　　　　　姓名：　　　　　　　　学号：

实验报告 4.2　齿轮径向跳动的测量

1. 量仪名称及规格

（1）量仪名称________________，指示表的分度值____________。

（2）仪器可测齿轮直径范围__________，可测齿轮模数范围____________。

2. 被测齿轮

模数________，齿数________，齿轮径向跳动公差 F_r_______μm。

3. 测量数据及结果

测头所在齿槽	指示表示值 /μm	测头所在齿槽	指示表示值 /μm	测头所在齿槽	指示表示值 /μm
1		8		15	
2		9		16	
3		10		17	
4		11		18	
5		12		19	
6		13		20	
7		14		21	

指示表最大示值_______μm，指示表最小示值_______μm。

被测齿轮径向跳动 ΔF_r 为_______μm。

4. 合格性判断

第五章

表面粗糙度的测量

实验目的：

（1）掌握用粗糙度仪测量粗糙度参数 Ra 的测量方法。

（2）加深对表面粗糙度轮廓幅度参数 Ra 的理解。

（3）掌握表面粗糙度轮廓的评定方法。

仪器说明和测量原理：

实验采用的仪器是 TR200 手持式粗糙度仪，该仪器是触针式表面粗糙度测量仪，可测量多种机加工零件的表面粗糙度。Ra 值的测量范围为 0.005～16μm，根据选定的测量条件计算相应的参数，在液晶显示器上清晰地显示出全部测量参数和轮廓图形。粗糙度仪的操作功能如图 5-1 所示。TR200 手持式粗糙度仪还可与 TA 系列测量平台配合使用（见图 5-2），可以更方便地调整仪器与被测工件之间的位置，操作更加灵活、平稳，使用范围更大，可测量复杂形状零件表面的粗糙度。与测量平台连用时，可更加精确地调整触针位置，测量更平稳。当被测表面 Ra 值较小时，最好与测量平台连用测量。

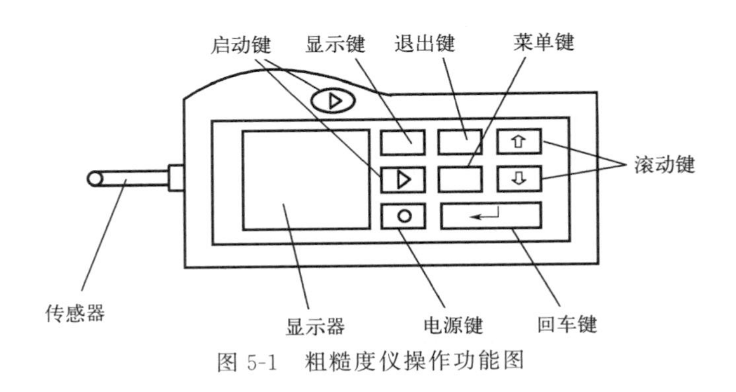

图 5-1　粗糙度仪操作功能图

图 5-3 为 TR200 型触针式轮廓仪的测量原理图。传感器测杆上装有金刚石触针，其针尖与被测表面接触。测量时，将传感器放在工件被测表面上，由仪器内部的驱动

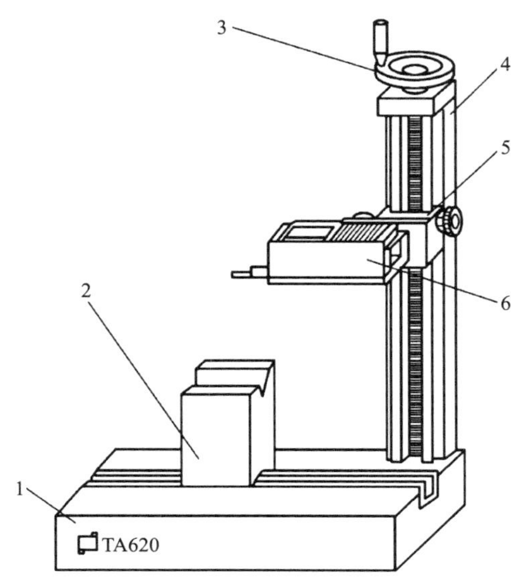

图 5-2 TR200 粗糙度仪与 TA620 测量平台配合使用外形图

1—平台；2—V 形块；3—升降手轮；4—立柱；5—滑架；6—TR200 粗糙度仪

机构带动传感器沿被测表面做等速滑行，传感器通过内置的锐利触针感受被测表面的粗糙度；此时工件被测表面的粗糙度使触针产生位移；触针的运动由传感器转换为电信号，主机采集该信号进行放大、整流、滤波，经 A/D 转换（模数转换）变为数字信号并进行数据处理；所测量的参数值在液晶显示器上显示；实际表面粗糙度轮廓可在打印机上输出。

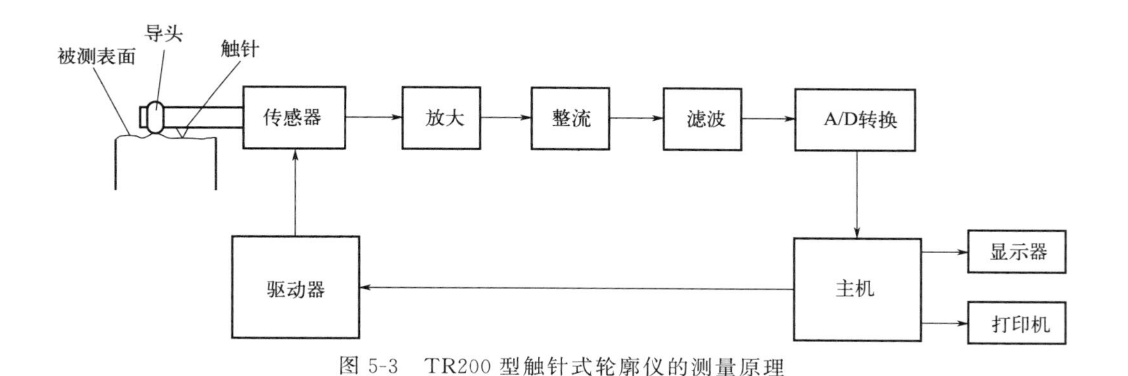

图 5-3 TR200 型触针式轮廓仪的测量原理

实验步骤：

(1) 擦干净工件被测表面。

(2) 安装传感器。用手拿住传感器的主体部分，将传感器插入仪器底部的传感器连接套中，然后轻推到底（见图 5-4）。拆卸时，用手拿住传感器的主体部分或连接套管的根部，慢慢向外拉出。在传感器的装卸过程中，应特别注意不要碰及触针，以免造成损坏，影响测量。与测量平台配合使用时，使用磁性表座连接杆，将仪器与磁性表座连接起来即可。

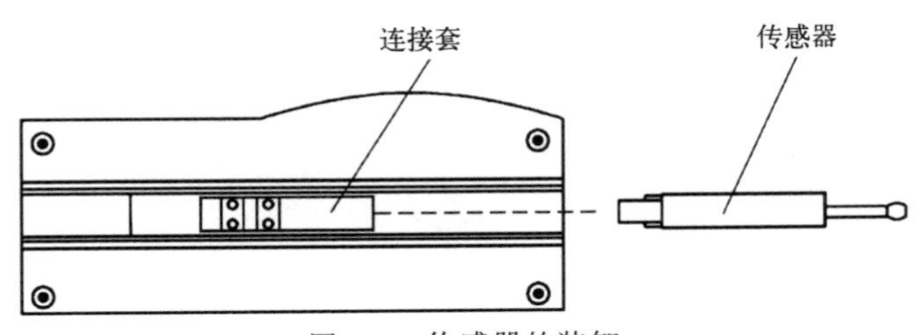

图 5-4　传感器的装卸

（3）安装量仪。参照图 5-5 将粗糙度仪正确、平稳、可靠地放置在工件被测表面上，传感器的滑行轨迹必须垂直于工件被测表面的加工纹理方向（见图 5-6）。使用测量平台时，将工件放在平台上的 V 形块 2 的 V 形槽中（见图 5-2）。

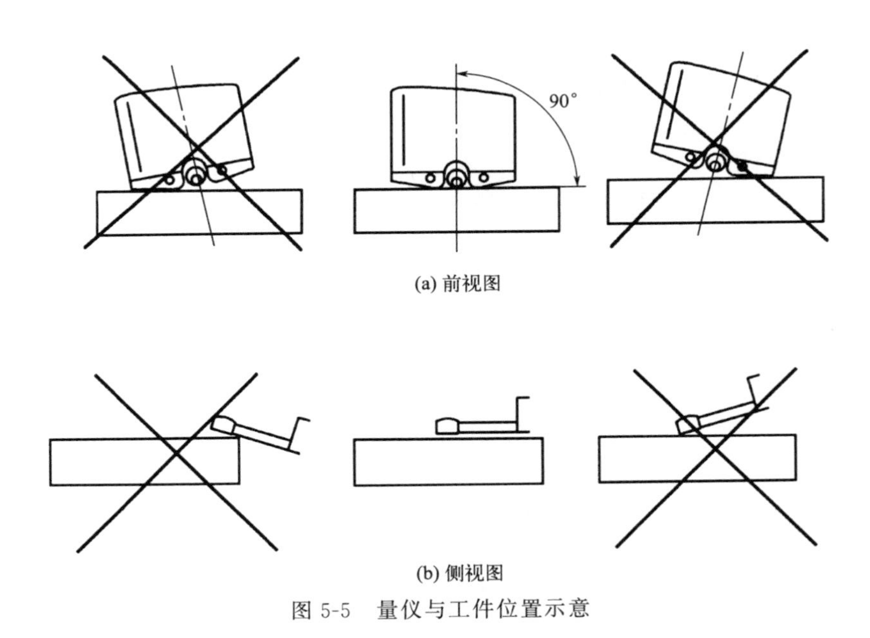

图 5-5　量仪与工件位置示意

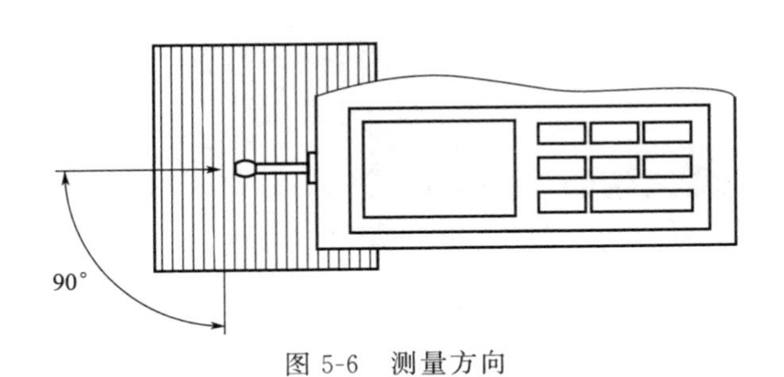

图 5-6　测量方向

（4）按下电源键启动仪器，仪器开机后自动显示型号、名称及制造商信息，然后进入基本测量状态。第一次开机进入基本测量状态中所显示的内容为仪器的缺省设置，下次开机时将显示上次关机时所设置的内容，如果不需要修改上次设置的测量条件，开机后可直接进行步骤（7）测量。

（5）设置测量条件。在基本测量状态下，按下菜单键进入菜单操作状态，再按滚动键选取测量条件设置、功能选择、系统设置和软件信息任意一项进行查看和设置；选定一项后，按回车键进入相应测量条件的设置，如取样长度、评定长度、采用的标准等，每个菜单项所包含的内容如图 5-7 所示：

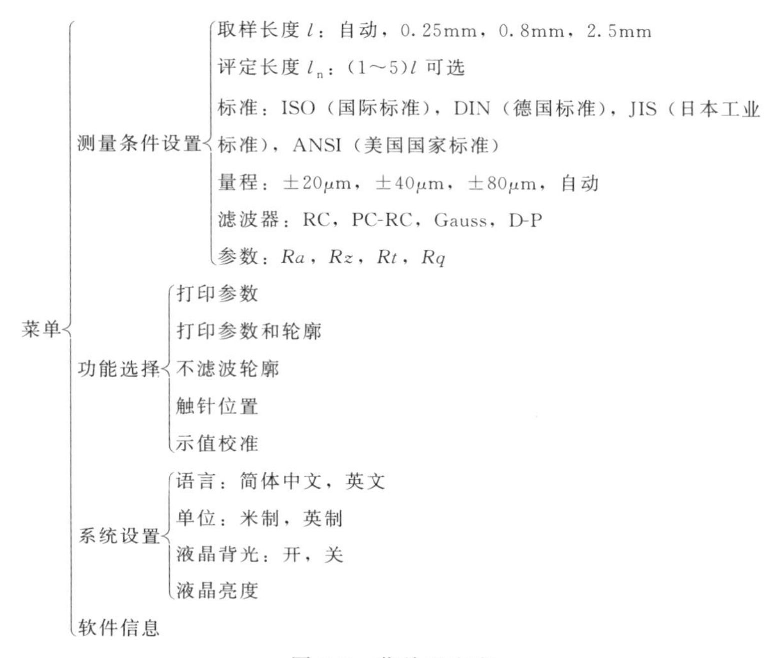

图 5-7 菜单项内容

（6）定位触针位置。按下回车键，转动升降手轮，使触针的位置在 0 位附近，如图 5-8 所示。

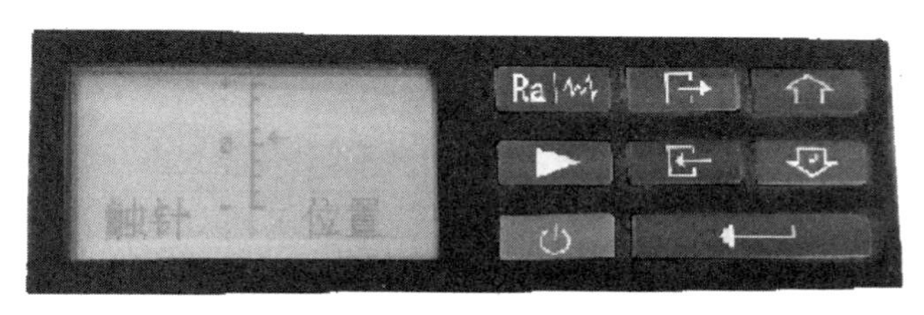

图 5-8 触针位置

（7）测量。按下回车键使屏幕返回基本测量状态，然后按下启动键开始测量，测量过程如图 5-9 所示。

（8）查看和记录测量参数值。第一次按显示键显示本次测量的全部参数值，按滚动键滚动翻页；第二次按显示键显示本次测量的轮廓曲线，按滚动键滚动显示其他取样长度上的轮廓曲线；第三次按显示键显示本次测量的 tp 曲线和 tp 值；再按键将重

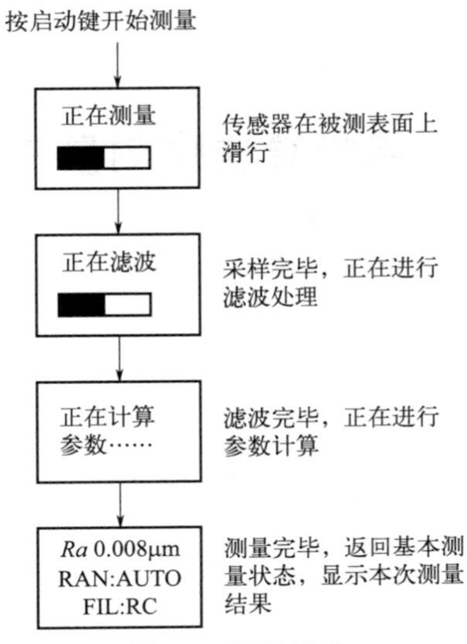

图 5-9　测量过程

复前面的内容，在每个状态下按退出键都返回到基本测量状态。

（9）打印参数和轮廓。若需打印测量参数和轮廓，则用通信电缆将仪器与打印机连接好，将打印机的波特率设置为“9600”，并使打印机处于联机状态。按菜单键选取“功能选择”项，按回车键，选择“打印参数或打印参数和轮廓”项，再按回车键，即开始打印。

（10）关闭电源，拆下粗糙度仪及传感器［见步骤（2）］放到相应位置，实验完成。

思考题：

（1）表面粗糙度对零件的使用性能有哪些影响？

（2）表面粗糙度的测量方法还有哪些？各有什么特点？

班级：　　　　　　　　　　姓名：　　　　　　　　　　学号：

实验报告　用粗糙度仪测量表面粗糙度

1. 量仪名称及规格

（1）量仪名称______________________________。

（2）量仪的测量范围______________________。

2. 测量条件

取样长度________，评定长度________，量程________。

3. 测量结果

4. 简答题

（1）试述表面粗糙度轮廓幅度参数 Ra 的含义。

（2）试述在仪器的安装及测量过程中应注意哪些问题。

第六章

车刀几何角度的测量

实验目的：

（1）掌握车刀几何角度测量的基本方法，通过实验加深对车刀的各个静止参考系的各个平面及有关角度定义的理解。

（2）了解车刀量角仪的结构与工作原理，熟悉其使用方法。

（3）掌握车刀标注角度的测量方法，具有对车刀各静止参考系几何角度的换算能力。

实验用具和仪器：

（1）普通车刀、切断刀。

（2）车刀量角仪。

车刀量角仪的结构及测量原理：

车刀量角仪是测量车刀标注角度的专用量角仪，其结构如图 6-1 所示。它是由工作台 3、定位块 4、立柱 7、调整螺母 8、螺钉 9 和安装在三个互相垂直轴的大刻度盘 6、小刻度盘 11、底盘 1 以及相应的大指针 5、小指针 10、底盘指针 2 等零件组成的。工作台 3 可绕底盘 1 的中心在零刻线左右 100°范围内转动。定位块 4 作为车刀的定位基准可在工作台上平行滑动。大指针 5，由大平面（*A*）、底平面（*B*）、侧平面（*C*）三个互相垂直的平面组成，在测量的过程中，根据测量角度的不同，*A*、*B*、*C* 三个平面可分别看作主剖面、基面、切削平面等。立柱 7 上制有螺纹，旋转调整螺母 8 可以带动刻度盘 6 和指针 5 上下移动，从而调整指针 5 相对车刀的位置。

它的测量基本原理是利用安装在三个互相垂直轴上的刻度盘或指针，对应车刀被测部分做一定角度的转动，其转过的角度值可通过相应的刻度盘指针显示出来，从而测量出车刀切削部分在某平面内的静态几何角度。测量时，只要将被测车刀随工作台转到一定的位置，然后，再适当调整大指针的方位，使其几个测量工作面（如图 6-1 中的 *A*、*B*、*C* 等平面）分别与车刀切削部分的各被测面（刃）贴合，便可在底盘和大刻度盘上分别读出车刀切削部分在基面、正交平面（法平面）等平面内的静态几何角度值。

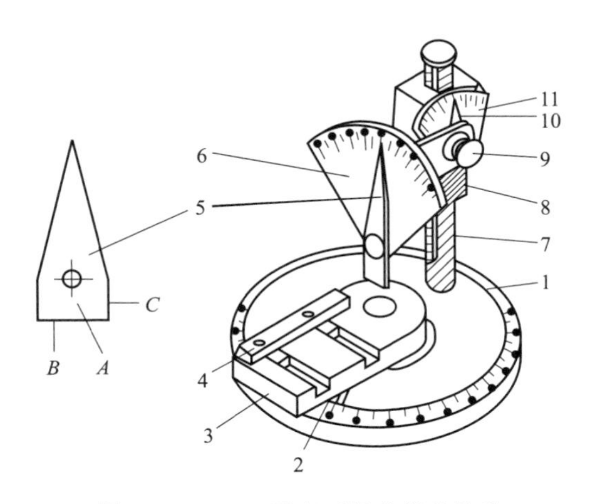

图 6-1 CLY-1 型车刀量角仪的构造

1—底盘；2—底盘指针；3—工作台；4—定位块；5—大指针；6—大刻度盘；7—立柱；8—调整螺母；9—螺钉；10—小指针；11—小刻度盘

实验任务：

测量主剖面坐标系内的车刀和切断刀的主偏角、副偏角、刃倾角、前角和主后角。

实验方法与步骤：

（1）测量前的准备。首先调整量角仪，分别将底盘指针 2、大指针 5 和小指针 10 全部指零，然后把待测车刀按工作状态放到工作台 3 上，使车刀的侧面紧靠在定位块 4 的侧面上，保证车刀能和定位块一起在工作台平面上平行移动，并且可使车刀沿定位块的侧面滑动，即完成了各个角度测量前的准备状态。

（2）测量主偏角 κ_r（副偏角 κ_r'）。根据规定车刀的进给方向与刀具轴线垂直（切断刀的进给方向与刀具的主轴平行），故在初始状态时，可以把与指针 5 上的 A 平面平行的方向作为车刀的进给方向，把工作台面看作基面。车刀在工作台上紧靠定位块，从零位开始顺（逆）时针转动工作台 3，使车刀的主刀刃（副刀刃）与指针 5 上的 A 平面相贴合，即主（副）切削刃在基面上的投影与车刀的进给方向重合，则工作台 3 在底盘 1 上旋转的角度，即指针 2 在底盘 1 上转过的角度，即为主偏角 κ_r（副偏角 κ_r'），如图 6-2 所示。

（3）测量刃倾角 λ_s。主切削平面是过主切削刃且与基面垂直的平面，在测量车刀主偏角时，主切削刃与指针 5 的 A 平面重合，此时 A 平面可以看作主切削平面，指针 5 上的 B 平面可以看作基面。然后，转动调整螺母 8，使指针 5 的 B 平面与车刀的主切削刃相贴合。则指针 5 在刻度盘 6 上转过的角度即为刃倾角 λ_s，指针在 0°

左边为正，如图 6-3 所示。

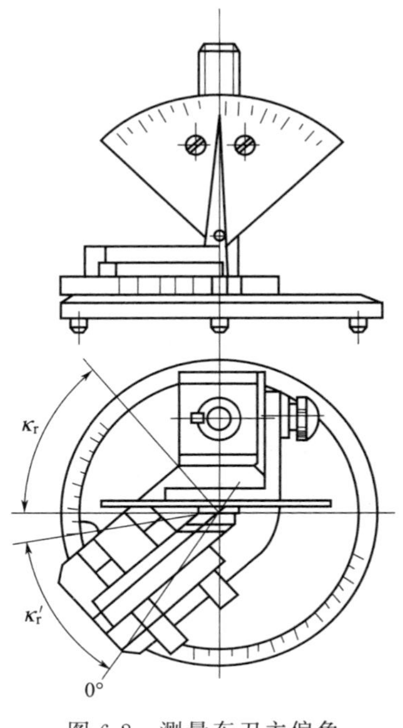

图 6-2　测量车刀主偏角

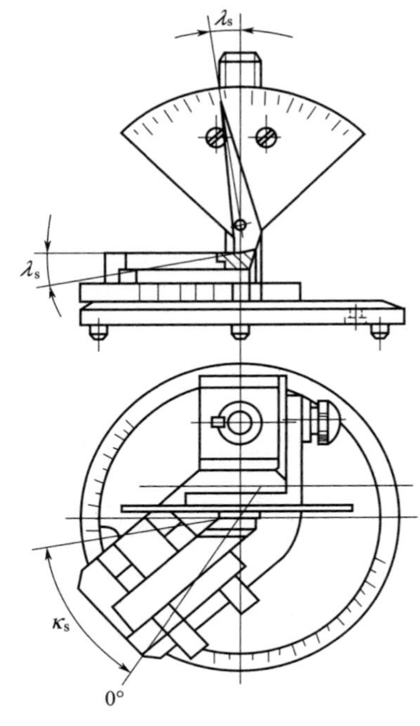

图 6-3　测量车刀刃倾角

(4) 测量前角 γ_o。前角是指在主剖面内前刀面与基面之间的夹角。主剖面是过主切削刃上一点，同时垂直于基面和切削平面的平面。测完车刀的主偏角后，使工作台 3 带动车刀沿逆时针方向转 90°，这时指针 5 上的 A 平面可看作主剖面，B 平面可看作基面，C 平面可看作主切削平面。然后，沿定位块移动刀具，转动调整螺母 8，使指针 5 上的 B 平面与车刀的前刀面重合，则指针 5 在刻度盘 6 上转过的角度即为前角 γ_o，指针 5 在 0°右边为正，如图 6-4 所示。

(5) 测量主后角 α_o。主后角的定义是在主剖面内主后刀面与主切削平面之间的夹角。测完车刀的前角后，不移动工作台 3 的位置，沿定位块移动刀具，转动调整螺母 8，使指针 5 的 C 平面与主后刀面重合，则指针 5 在刻度盘 6 上转过的角度即为主后角 α_o，指针 5 在 0°左边为正，如图 6-5 所示。

(6) 仪器、工具归位。车刀的五个角度测量完成后，将车刀量角仪按其使用方法恢复到初始位置，将测量的几种刀具放在仪器的工作台上摆放整齐，实验结束。

思考题：

(1) 为了使测量的角度值精确，在测量过程中应注意哪几方面的问题？

(2) 刀具的其他角度能用 CLY-1 型量角仪测量吗？如果能应该怎么测量？

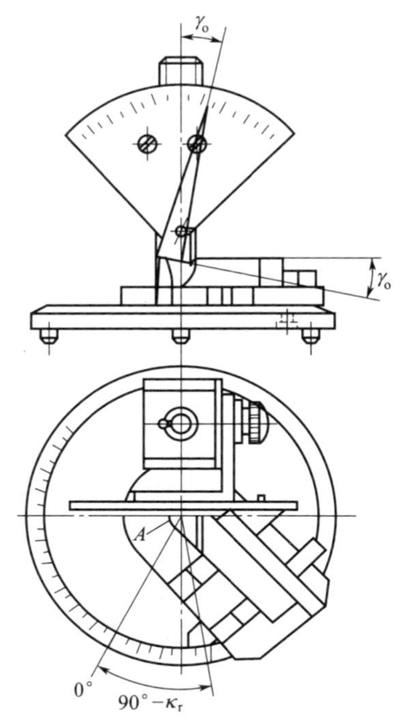

图 6-4　测量车刀前角

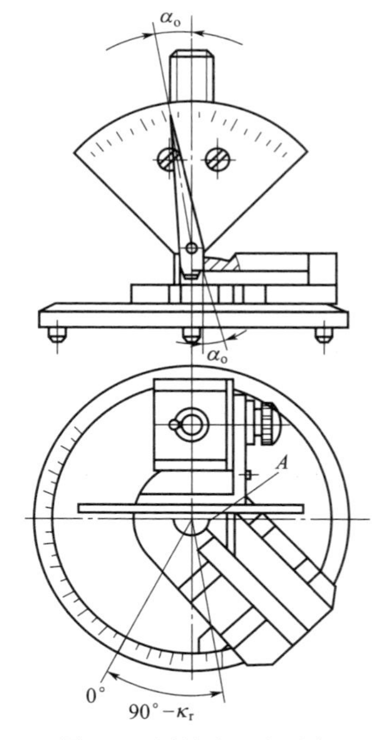

图 6-5　测量车刀主后角

班级：　　　　　　　　　　姓名：　　　　　　　　　　学号：

实验报告　车刀几何角度测量

1. 量仪名称及型号

（1）量仪名称＿＿＿＿＿＿＿＿＿＿＿＿＿＿＿。

（2）量仪的型号＿＿＿＿＿＿＿＿＿＿＿＿＿＿。

2. 测量数据

车刀名称	主偏角κ_r	副偏角κ_r'	刃倾角λ_s	前角γ_o	主后角α_o
1					
2					
3					
4					

3. 绘图题

按比例绘制任意两把车刀的刀具角度图，并标注出测量得到的几何角度数值。

车刀 1：

车刀 2：

第七章

机床传动系统分析

实验目的：

（1）了解机床的用途、总体布局，以及机床的主要技术性能。

（2）进一步熟悉机床传动系统，理解机床传动路线。

（3）了解和分析机床主要零部件的构造和工作原理。

实验设备：

实验设备为CA6140型普通卧式车床，传动系统图见图7-1。

实验内容：

（1）机床的操纵方法和机床运动的调整。

（2）主轴箱的结构，主轴变速操作机构的工作原理。

（3）离合器与制动器操纵及其调整。

实验步骤：

（1）闭合电源开关，闭合机床总开关，启动电动机，操纵离合器，使主轴启动、停止、反转，熟悉离合器操纵手柄的使用及作用。

（2）接通光杠，熟悉机动进给手柄的操作方法，观察扳动手柄时刀架部件的运动状态。

（3）断开机床总开关和电源开关，打开主轴箱，对照机床的传动系统图（参见图7-1）找到各个传动轴（Ⅰ，Ⅱ，Ⅲ…），观察滑移齿轮的结构形式、固定齿轮的结构形式及固定方法。

（4）观察离合器、制动器的结构及操纵方式，理解离合器与制动器的互锁原理。

（5）观察Ⅱ轴上的滑移齿轮操纵机构及其定位方式。

（6）观察Ⅳ轴上的滑移齿轮及主轴上的离合器的操纵方式。

（7）实验完成后检查并确定机床开关和电源已经断开，并将机床各部件及操纵机构复原，实验结束。

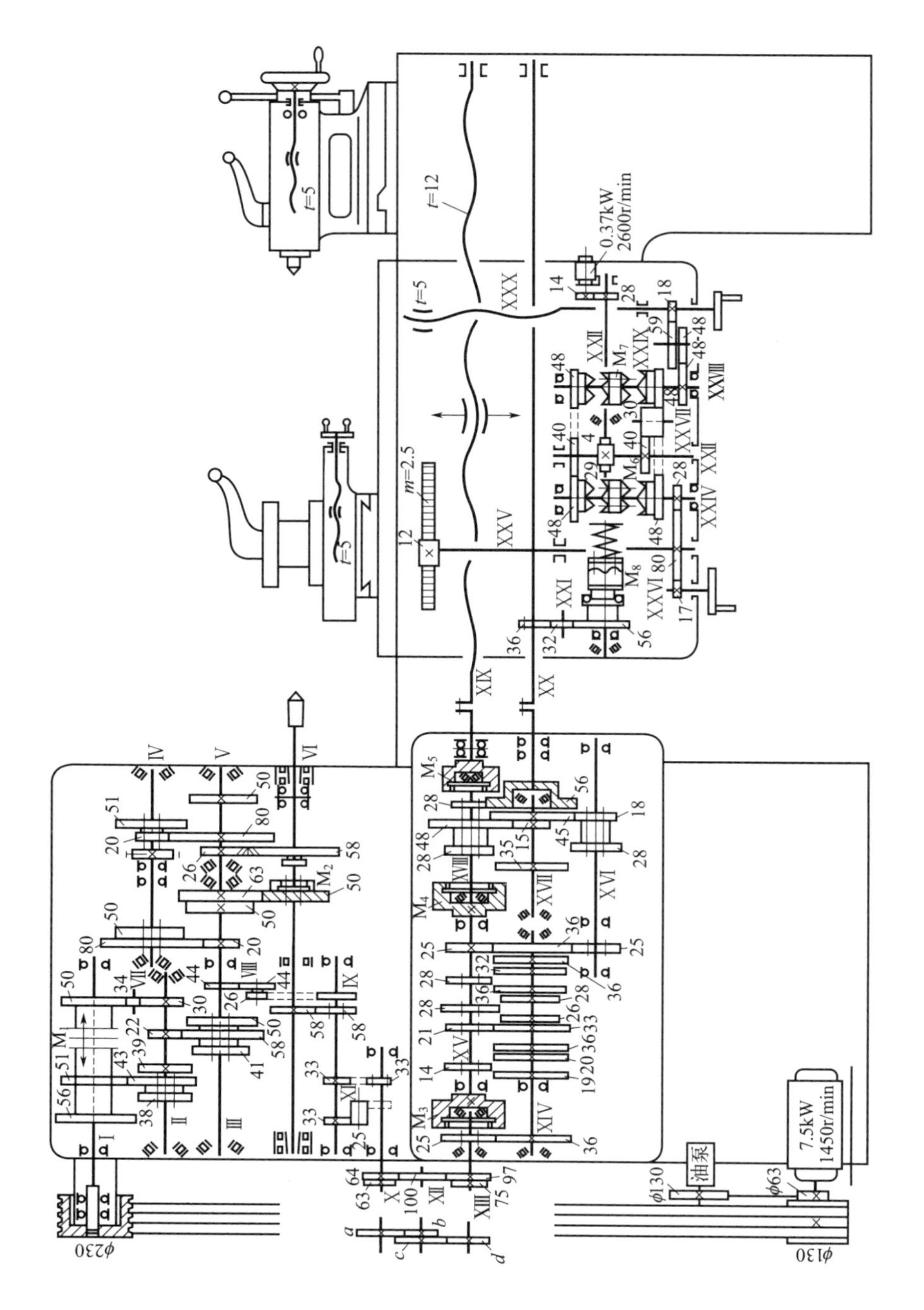

图 7-1　CA6140 型卧式车床传动系统图

思考题：

（1）为了实现机床上每个运动，机床必须具备哪三个基本部分？

（2）确定机床运动的五个参数是什么？

班级：　　　　　　　　姓名：　　　　　　　　学号：

实验报告　机床传动系统分析

1. 机床名称及型号

（1）机床名称______________________________。

（2）机床的型号__________________________。

2. 绘图题

（1）绘制 CA6140 型普通卧式车床最高转速传动系统图。

（2）绘制 CA6140 型普通卧式车床从电动机到工件和刀具的传动关系框图。

3. 简答题

（1）简述 CA6140 型普通卧式车床摩擦片离合器的作用和工作原理。

（2）简述制动器是如何实现快速制动的。

第八章

加工误差的统计分析

实验目的：

（1）巩固和加深加工误差统计分析法的基本理论。

（2）掌握绘制工件尺寸实际分布图的方法，并能根据分布图分析加工误差的性质，计算工序能力系数、合格品率、废品率等，能提出工艺改进的措施。

实验仪器：

（1）实验测量工件。

（2）游标卡尺、千分尺。

实验原理和方法：

在实际生产中，影响加工精度的因素是错综复杂的，工件的加工误差是多因素综合作用的结果，不可能用单因素的方法一一进行分析计算，通常用统计分析法来分析和解决加工精度问题。所谓加工精度统计分析法，就是加工一大批零件，从中抽检一定数量的零件并运用数理统计的方法，对加工误差（或其他质量指标）进行分析。它是进行过程控制的一种有效方法，也是实施全面质量管理的一个重要方面。其基本原理是利用加工误差的统计特性，对测量数据进行处理，作出分布图，据此对加工误差的性质、工序能力及工艺稳定性等进行识别和判断，进而对加工误差作出综合分析，找到解决加工精度问题的途径。

（1）绘制直方图和分布曲线。

① 选择分组数 k。一般应根据样本容量来选择，参见表 8-1。

表 8-1　分组数 k 的选定

抽查零件数 n	25～40	＞40～60	＞60～99	100	＞100～160	＞160～250
k	6	7	8	10	11	12

实践证明，组数太少会掩盖组内数据的变动情况，组数太多会使各组的高度参差不齐，从而看不出变化规律。通常确定的组数要使每组平均至少 4 个数据。

② 确定组距。找出样本数据的最大值 x_{max} 和最小值 x_{min}，并按下式计算组距：

$$d=\frac{x_{max}-x_{min}}{k}$$

③ 计算第一组的上、下界限值：$x_{min}\pm h/2$。

④ 计算其余各组的上、下界限值。第一组的上界限值就是第二组的下界限值，第二组的下界限值加上组距就是第二组的上界限值，以此类推。

⑤ 计算各组的中值 x_i。

$$x_i=(\text{某组上界限值}+\text{某组下界限值})/2$$

⑥ 统计各组尺寸的频数 m（即落在各组组界范围内的样件个数），计算各组频率 m/n。

⑦ 以频数或频率为纵坐标，组距为横坐标，画出一系列长方形，即为直方图。通过直方图能够更形象、更清楚地反映出零件尺寸分散的规律性。如果将各长方形顶端的中心点连成曲线，就可绘出一条分布曲线。

（2）计算工序能力系数，确定工序能力等级。为了分析零件该工序的加工精度情况，可在直方图上标出该工序的加工公差带位置，并计算出该样本的总体平均值 $\overline{x}$ 与标准差 σ：

$$\overline{x}=\frac{1}{n}\sum_{i=1}^{n}x_i$$

$$\sigma=\sqrt{\frac{1}{n}\sum_{i=1}^{n}(x_i-\overline{x})^2}$$

式中，x_i 为第 i 个样件的测量值；n 为样本容量。

样本的总体平均值 $\overline{x}$ 表示该样本的尺寸分散中心，它主要取决于调整尺寸的大小和常值系统误差。样本的标准差 σ 反映了该批工件的尺寸分散程度，它是由变值系统误差和随机误差决定的。误差大，σ 值也大，误差小，σ 值也小。

计算工序能力系数：

$$C_p=\frac{T}{6\sigma}$$

式中，T 为工序尺寸公差。

最后根据表 8-2 确定工序能力等级。

表 8-2　工序能力等级

工序能力系数	工序等级	说明
$C_p>1.67$	特级	工序能力强，可以允许有异常波动
$1.67\geqslant C_p>1.33$	一级	工序能力较强，可以允许有一定的异常波动
$1.33\geqslant C_p>1.00$	二级	工序能力勉强，必须密切注意
$1.00\geqslant C_p>0.67$	三级	工序能力不足，会出现少量不合格品
$0.67\geqslant C_p$	四级	工序能力差，须加以改进

（3）计算合格品率和废品率。

实验步骤：

（1）调整好无心磨床，选择适当硬度的砂轮，加工一批尺寸精度要求为$\phi 30_{-0.021}^{0}$ mm的工件100个。

（2）用游标卡尺或千分尺按工件序号测量工件尺寸，并将测量数据记录在实验报告“测量值记录表”中。

（3）计算相关参数值，绘制实际分布图。

（4）分析判断实验结果。

① 通过分析实际分布图，判断加工误差性质。

② 计算该工序的工序能力系数，确定工序能力等级。

③ 计算该工序加工的合格品率与废品率。

班级：　　　　　　　　　　姓名：　　　　　　　　　　学号：

实验报告　加工误差的统计分析

1. 量仪名称及规格

（1）量仪名称＿＿＿＿＿＿＿＿，量仪分度值＿＿＿＿＿＿＿＿＿＿。

（2）量仪的测量范围＿＿＿＿＿＿＿＿＿＿。

2. 测量值记录表

序号	尺寸	序号	尺寸	序号	尺寸	序号	尺寸
1		26		51		76	
2		27		52		77	
3		28		53		78	
4		29		54		79	
5		30		55		80	
6		31		56		81	
7		32		57		82	
8		33		58		83	
9		34		59		84	
10		35		60		85	
11		36		61		86	
12		37		62		87	
13		38		63		88	
14		39		64		89	
15		40		65		90	
16		41		66		91	
17		42		67		92	
18		43		68		93	
19		44		69		94	
20		45		70		95	
21		46		71		96	
22		47		72		97	
23		48		73		98	
24		49		74		99	
25		50		75		100	

3. 绘制分布图

（1）确定组距和分组数：

（2）制作频数分布表：

组号	尺寸范围/mm	各组中值 x_i/mm	实际频数/个

（3）绘制实际分布图：

4. 计算工序能力系数和合格品率

5. 根据分布曲线分析误差性质，并提出改进措施

参考文献

[1] 才家刚. 图解常用量具的使用方法和测量实例 [M]. 北京：机械工业出版社，2007.
[2] 高丽，于涛，杨俊茹. 互换性与测量技术基础 [M]. 北京：北京理工大学出版社，2018.
[3] 甘永立. 几何量公差与检测 实验指导书 [M]. 7版. 上海：上海科学技术出版社，2015.
[4] 杨建风，徐红兵，王春艳，等. 几何量公差与检测实验教程 [M]. 镇江：江苏大学出版社，2016.
[5] 姚彩仙. 互换性与技术测量实验——实验指导书与实验报告 [M]. 武汉：华中科技大学出版社，2019.
[6] 于涛，杨俊茹，王素玉. 机械制造技术基础 [M]. 北京：清华大学出版社，2012.
[7] 王红军，刘国庆. 机械制造技术基础实验 [M]. 北京：机械工业出版社，2016.